建设行业专业人员快速上岗 100 问丛书

手把手教你当好材料员

王文睿　主　编

张乐荣　温世洲　胡　静
曹晓婧　雷济时　马振宇　副主编

何耀森　主　审

U0297728

中国建筑工业出版社

图书在版编目（CIP）数据

手把手教你当好材料员/王文睿主编. —北京：中国
建筑工业出版社，2014.10
（建设行业专业人员快速上岗100问丛书）
ISBN 978-7-112-17370-9

Ⅰ.①手… Ⅱ.①王… Ⅲ.①建筑材料-问题解答
Ⅳ.①TU5-44

中国版本图书馆 CIP 数据核字（2014）第 242693 号

建设行业专业人员快速上岗 100 问丛书
手把手教你当好材料员

王文睿　主　编

张乐荣　温世洲　胡　静
曹晓婧　雷济时　马振宇　副主编

何耀森　主　审

＊

中国建筑工业出版社出版、发行（北京西郊百万庄）
各地新华书店、建筑书店经销
北京科地亚盟排版公司制版
北京市密东印刷有限公司印刷

＊

开本：850×1168 毫米　1/32　印张：9⅛　字数：243 千字
2015 年 2 月第一版　2015 年 2 月第一次印刷
定价：**25.00** 元
ISBN 978 - 7 - 112 - 17370 - 9
（26161）

版权所有　翻印必究
如有印装质量问题，可寄本社退换
（邮政编码　100037）

本书是"建设行业专业人员快速上岗 100 问丛书"之一。主要根据《建筑与市政工程施工现场专业人员职业标准》JGJ/T 250—2011 编写。全书包括通用知识、基础知识、岗位知识、专业技能共四章 22 节，内容涉及建筑工程和建筑装饰装修工程材料员工作中所需掌握的知识点和专业技能。

为了方便读者的学习与理解，全书采用一问一答的形式，对书中内容进行分解，共列出 262 道问题，逐一进行阐述，针对性和参考性强。

本书可供施工企业材料员、建设单位工程项目管理人员、监理单位工程监理人员使用，也可作为基层施工管理人员学习的参考。

责任编辑：范业庶　王砾瑶　万　李
责任设计：董建平
责任校对：陈晶晶　王雪竹

出 版 说 明

随着科学技术的日新月异和经济建设的高速发展，中国已成为世界最大的建设市场。近几年建设投资规模增长迅速，工程建设随处可见。

建设行业专业人员（各专业施工员、质量员、预算员，以及安全员、测量员、材料员等）作为施工现场的技术骨干，其业务水平和管理水平的高低，直接影响着工程建设项目能否有序、高效、高质量地完成。这些技术管理人员中，业务水平参差不齐，有不少是由其他岗位调职过来以及刚跨入这一行业的应届毕业生，他们迫切需要学习、培训，或是能有一些像工地老师傅般手把手实物教学的学习资料和读物。

为了满足广大建设行业专业人员入职上岗学习和培训需要，我们特组织有关专家编写了本套丛书。丛书涵盖建设行业施工现场各个专业，以国家及行业有关职业标准的要求和规定进行编写，按照一问一答的形式对专业人员的工作职责、应该掌握的专业知识、应会的专业技能、对实际工作中常见问题的处理等进行讲解，注重系统性、知识性，尤其注重实用性、指导性。在编写内容上严格遵照最新颁布的国家技术规范和行业技术规范。希望本套丛书能够帮助建设行业专业人员快速掌握专业知识，从容应对工作中的疑难问题。同时也真诚地希望各位读者对书中不足之处提出批评指正，以便我们进一步改进和完善。

中国建筑工业出版社

2014 年 12 月

前　　言

本书为"建设行业专业人员快速上岗 100 问丛书"之一，主要为建筑工程和建筑装饰装修企业材料员实际工作需要编写。本书主要内容包括通用知识、基础知识、岗位知识、专业技能四章共 22 节、262 道问答题，囊括了建筑工程和装饰装修施工企业材料员实际工作中可能遇到和需要的绝大部分知识点和所需技能的内容。本书为了便于建筑工程和建筑装饰装修工程材料员及其他基层项目管理者学习和使用，坚持做到理论联系实际，通俗易懂，全面受用的原则，在内容选择上注重基础知识和常用知识的阐述，对建筑工程和装饰装修材料员在工程施工过程中可能遇到的常见问题，采用了一问一答的方式对各题进行了简明扼要的回答。

本书将建筑工程和建筑装饰装修工程的材料员职业要求、通用知识和专业技能等有机地融为一体，尽可能做到通俗易懂、简明扼要、一目了然。本书涉及的相关专业知识均按 2010 年以来修订的新规范编写。

本书可供建筑工程和建筑装饰装修施工企业的材料员及其他相关基层管理人员、建设单位项目管理人员、工程监理单位技术人员使用，也可作为基层建筑工程和装饰装修施工管理人员学习建筑工程施工技术和项目管理基本知识时的参考。

本书由王文睿主编，张乐荣、温世洲、胡静、曹晓婧、雷济时、马振宇等担任副主编。刘淑华高级工程师对本书的编写给予大力支持，何耀森高级工程师审阅了本书全部内容，并提出了许多宝贵的意见和建议，在此对他们表示衷心的谢意。由于编者理论水平有限，本书中存在的不足和缺漏在所难免，敬请广大材料员及其他施工管理人员及专家学者批评指正，以便帮助我们提高工作水平，更好地服务广大土建工程和建筑装饰工程的材料员和项目管理工作者。

编者

2014 年 12 月

目　录

第一章　通用知识

第一节　法律法规

第二节 工程材料的基本知识

第三节　施工图识读、绘制的基本知识

第四节　工程施工工艺和方法

第五节　工程项目管理

第二章　基础知识

第一节　建筑力学

第二节　工程预算的基本知识

第三节　物资管理的基本知识

第二节 市场调查与分析

第三节 招投标和合同管理的基本知识

16

第四章 专业技能

第一节 材料、设备配置管理计划

第二节 建筑材料市场信息，材料、设备的采购

第三节 进场材料、设备进行符合性判断

第四节　组织保管、发放施工材料和设备

第五节　危险物品安全管理

第一章　通用知识

第一节　法律法规

1. 从事建筑活动的各类施工企业应具备哪些条件？

答：根据《中华人民共和国建筑法》的规定，从事建筑活动的各类施工企业应具备以下条件：

（1）有符合国家规定的注册资本；

（2）有与其从事的建筑活动相适应的具有法定执业资格的专业技术人员；

（3）有从事相关建筑活动所应有的技术装备；

（4）法律、行政法规规定的其他条件。

2. 从事建筑活动的各类施工企业从业的基本要求是什么？《建筑法》对从事建筑活动的各类技术人员有什么要求？

答：根据《中华人民共和国建筑法》的规定，从事建筑活动的施工企业应满足下列要求：从事建筑活动的施工企业，按照其拥有的注册资本、专业技术人员、技术装备和已完成的建筑工程业绩等资质条件，划分为不同的资质等级，经资质审查合格，取得相应等级的资质证书后，方可在其资质等级许可的范围内从事建筑活动。

《建筑法》对从事建筑活动的技术人员的要求是：从事建筑活动的专业技术人员，应依法取得相应的执业资格证书，并在职业资格许可证的范围内从事建筑活动。

3. 建筑工程安全生产管理必须坚持的方针和制度各是什么？建筑装饰装修施工企业怎样采取措施确保施工工程的安全？

答：根据《中华人民共和国建筑法》的规定，从事建筑活动的施工企业建筑工程安全生产管理必须坚持安全第一、预防为主的方针，必须建立健全安全生产的责任制和群防群治制度。

建筑施工企业在编制施工组织设计时，应当根据建筑工程的特点制定相应的安全技术措施；对专业性较强的工程建设项目，应当编制专项安全施工组织设计，并采取安全技术措施。

建筑施工企业应当在施工现场采取维护安全、防范危险、预防火灾等措施；有条件的，应当对施工现场进行封闭管理。

施工现场对毗邻的建筑物、构筑物和特殊作用环境可能造成损害的，应当采取安全防护措施。

4. 建设装饰装修工程施工现场安全生产的责任主体属于哪一方？安全生产责任怎样划分？

答：建设工程施工现场安全生产的责任主体是建筑施工企业。实行施工总承包的，总承包单位为安全生产主体，施工现场的安全责任由其负责。分包单位向总承包单位负责，服从总承包单位对施工现场的安全生产管理。

5. 建设装饰装修工程施工质量应符合哪些常用的工程质量标准的要求？

答：建设装饰装修工程施工质量应在遵守《建筑法》中对建筑工程质量管理的规定，以及在遵守《建设工程质量管理条例》的前提下，符合相关工程建设的设计规范、施工验收规范中的具体规定和《建设工程施工合同（示范文本）》约定的相关规定，同时对于地域特色、行业特色明显的建设工程项目还应遵守地方政府建设行政管理部门和行业管理部门制定的地方和行业规程和标准。

6. 建筑装饰装修工程施工质量管理责任主体属于哪一方？施工企业应如何对施工质量负责？

答：《建设工程质量管理条例》明确规定，建筑装饰装修工程施工质量管理责任主体为施工单位。施工单位应当建立质量责任制，确定工程项目的项目经理、技术负责人和施工管理负责人。建设装饰装修工程实行总承包的，总承包单位应当对全部建设工程质量负责。总承包单位依法将建设工程分包给其他单位的，分包单位应当按照分包合同的规定对其分包工程的质量向总承包单位负责，总承包单位与分包单位对分包工程的质量承担连带责任。施工单位必须按照工程设计图纸和技术标准施工，不得擅自修改工程设计，不得偷工减料。施工单位在施工过程中发现设计文件和图纸有差错的，应当及时提出意见和建议。施工单位必须按照工程设计要求，施工技术标准和合同约定，对建筑材料、建筑构配件、设备和商品混凝土进行检验，检验应当有书面记录和专业人员签字；未经检验或检验不合格的，不得使用。施工单位必须建立、健全施工质量的检验制度，严格工序管理，做好隐蔽工程的质量检查和记录。隐蔽工程在隐蔽前，施工单位应当通知建设单位和建设工程质量监督机构。施工人员对涉及结构安全的试块、试件以及有关材料，应当在建设单位或者工程监理单位监督下现场取样，并送具有相应资质等级的质量检测单位进行检测。施工单位对施工中出现质量问题的建设工程或者竣工验收不合格的工程，应当负责返修。施工单位应当建立、健全教育培训制度，加强对职工的教育培训；未经教育培训或者考核不合格的人员不得上岗。

7. 建筑装饰装修施工企业怎样采取措施保证施工工程的质量符合国家规范和工程的要求？

答：严格执行《建筑法》和《建设工程质量管理条例》中对

3

工程质量的相关规定和要求，采取相应措施确保工程质量。做到在资质等级许可的范围内承揽工程；不转包或者违法分包工程。建立质量责任制，确定工程项目的项目经理、技术负责人和施工管理负责人。实行总承包的建设工程由总承包单位对全部建设工程质量负责，分包单位按照分包合同的约定对其分包工程的质量负责。做到按图纸和技术标准施工；不擅自修改工程设计，不偷工减料；对施工过程中出现的质量问题或竣工验收不合格的工程项目，负责返修。准确全面理解工程项目相关设计规范和施工验收规范的规定、地方和行业法规和标准的规定；施工过程中完善工序管理，实行事先、事中管理，尽量减少事后管理，避免和杜绝返工，加强隐蔽工程验收，杜绝质量事故隐患；加强交底工作，督促作业人员做到工作目标明确、责任和义务清楚；对关键和特殊工艺、技术和工序要做好培训和上岗管理；对影响质量的技术和工艺要采取有效措施进行把关。建立健全企业内部质量管理体系，施工单位必须建立、健全施工质量的检验制度，严格工序管理，做好隐蔽工程的质量检查和记录；做到严格工程质量管理并在实施中做到使施工质量不低于相关规范、规程和标准的规定；按照保修书约定的工程保修范围、保修期限和保修责任等履行保修责任，确保工程质量在合同规定的期限内满足工程建设单位的使用要求。

8.《安全生产法》对装饰装修施工及生产企业为具备安全生产条件的资金投入有什么要求？

答：装饰装修施工单位应当具备的安全生产条件所必需的资金投入，由生产经营单位的决策机构、主要负责人或者个人经营的投资人予以保证，并对由于安全生产所必需的资金投入不足导致的后果承担责任。

建筑装饰装修施工单位新建、改建、扩建工程项目（以下统称建设项目）的安全设施，必须与主体工程同时设计、同时施工、同时投入生产和使用。安全设施投资应当纳入建设项目概算。

9. 《安全生产法》对施工及生产企业安全生产管理人员的配备有哪些要求？

答：建筑装饰装修施工单位应当设置安全生产管理机构或者配备专职安全生产管理人员。从业人员超过三百人的，应当设置安全生产管理机构或者配备专职安全生产管理人员；从业人员在三百人以下的，应当配备专职或者兼职的安全生产管理人员，或者委托具有国家规定的相关专业技术资格的工程技术人员提供安全生产管理服务。建筑装饰装修施工单位依照前款规定委托工程技术人员提供安全生产管理服务的，保证安全生产的责任仍由本单位负责。施工单位的主要负责人和安全生产管理人员必须具备与本单位所从事的生产经营活动相应的安全生产知识和管理能力。建筑施工单位的主要负责人和安全生产管理人员，应当由有关主管部门对其安全生产知识和管理能力考核合格后方可任职。

10. 为什么建筑装饰装修施工企业应对从业人员进行安全生产教育和培训？安全生产教育和培训包括哪些方面的内容？

答：装饰装修施工单位对从业人员进行安全生产教育和培训，是为了保证从业人员具备必要的安全生产知识，能够熟悉有关的安全生产规章制度和安全操作规程，更好地掌握本岗位的安全操作技能。同时为了确保施工质量和安全生产，规定未经安全生产教育和培训合格的从业人员，不得上岗作业。

安全生产教育和培训的内容为日常安全生产常识的培训，包括安全用电、安全用气、安全使用施工机具车辆、多层和高层建筑高空作业安全培训、冬期防火培训、雨期防洪防雹培训、人身安全培训、环境安全培训等；在施工活动中采用新工艺、新技术、新材料或者使用新设备时，为了让从业人员了解、掌握其安全技术特性，并采取有效的安全防护措施，并对从业人员进行专门的安全生产教育和培训。施工中有特种作业时，对特种作业人员必须按照国家有关规定经专门的安全作业培训，在其取得特种作业操作资格证书后，方可允许上岗作业。

11. 《安全生产法》对建设项目安全设施和设备作了什么规定？

答：建设项目安全设施的设计人、设计单位应当对安全设施设计负责。用于生产、储存危险物品的建设项目的安全设施设计应当按照国家有关规定报经有关部门审查，审查部门及其负责审查的人员对审查结果负责。

用于生产、储存危险物品的建设项目的施工单位必须按照批准的安全设施设计施工，并对安全设施的工程质量负责。用于生产、储存危险物品的建设项目竣工投入生产或者使用前，必须依照有关法律、行政法规的规定对安全设施进行验收；验收合格后，方可投入生产和使用。验收部门及其验收人员对验收结果负责。施工和经营单位应当在有较大危险因素的生产经营场所和有关设施、设备上，设置明显的安全警示标志。安全设备的设计、制造、安装、使用、检测、维修、改造和报废，应当符合国家标准或者行业标准。生产经营单位必须对安全设备进行经常性维护、保养，并定期检测，保证正常运转。维护、保养、检测应当做好记录，并由有关人员签字。

施工单位使用的涉及生命安全、危险性较大的特种设备，以及危险物品的容器、运输工具，必须按照国家有关规定，由专业生产单位生产，并经取得专业资质的检测、检验机构检测、检验合格，取得安全使用证或者安全标志，方可投入使用。检测、检验机构对检测、检验结果负责。国家对严重危及生产安全的工艺、设备实行淘汰制度。

12. 建筑装饰装修工程施工从业人员劳动合同安全的权利和义务各有哪些？

答：《中华人民共和国安全生产法》明确规定：装饰装修施

工单位与从业人员订立的劳动合同，应当载明有关保障从业人员劳动安全、防止职业危害的事项，以及依法为从业人员办理工伤社会保险的事项。装饰装修施工单位不得以任何形式与从业人员订立协议，免除或者减轻其对从业人员因生产安全事故伤亡依法应承担的责任。装饰装修施工单位的从业人员有权了解其作业场所和工作岗位存在的危险因素、防范措施及事故应急措施，有权对本单位的安全生产工作提出建议。从业人员有权对本单位安全生产工作中存在的问题提出批评、检举、控告；有权拒绝违章指挥和强令冒险作业。装饰装修施工单位不得因从业人员对本单位安全生产工作提出批评、检举、控告或者拒绝违章指挥、强令冒险作业而降低其工资、福利等待遇或者解除与其订立的劳动合同。从业人员发现直接危及人身安全的紧急情况时，有权停止作业或者在采取可能的应急措施后撤离作业场所。

装饰装修施工单位不得因从业人员在前款紧急情况下停止作业或者采取紧急撤离措施而降低其工资、福利等待遇或者解除与其订立的劳动合同。因生产安全事故受到损害的从业人员，除依法享有工伤社会保险外，依照有关民事法律尚有获得赔偿的权利的，有权向本单位提出赔偿要求。从业人员在作业过程中，应当严格遵守本单位的安全生产规章制度和操作规程，服从管理，正确佩戴和使用劳动防护用品。从业人员应当接受安全生产教育和培训，掌握本职工作所需的安全生产知识，提高安全生产技能，增强事故预防和应急处理能力。从业人员发现事故隐患或者其他不安全因素，应当立即向现场安全生产管理人员或者本单位负责人报告；接到报告的人员应当及时予以处理。

13. 建筑装饰装修工程施工企业应怎样接受负有安全生产监督管理职责的部门对自己企业的安全生产状况进行监督检查？

答：建筑装饰装修工程施工企业应当依据《安全生产法》的规定，自觉接受负有安全生产监督管理职责的部门，依照有关法律、法规的规定和国家标准或者行业标准的规定的安全生产条件，对本企业涉及安全生产需要审查批准的事项（包括批准、核准、许可、注册、认证、颁发证照等）进行监督检查。

建筑工程施工企业需协助和配合负有安全生产监督管理职责的部门依法对本企业执行有关安全生产的法律、法规和国家标准或者行业标准的情况进行监督检查，并行使以下职权：

（1）进入生产经营单位进行检查，调阅有关资料，向有关单位和人员了解情况。

（2）对检查中发现的安全生产违法行为，当场予以纠正或者要求限期改正；对依法应当给予行政处罚的行为，依照本法和其他有关法律、行政法规的规定作出行政处罚决定。

（3）对检查中发现的事故隐患，应当责令立即排除；重大事故隐患排除前或者排除过程中无法保证安全的，应当责令从危险区域内撤出作业人员，责令暂时停产停业或者停止使用；重大事故隐患排除后，经审查同意，方可恢复生产经营和使用。

（4）对有根据认为不符合保障安全生产的国家标准或者行业标准的设施、设备、器材予以查封或者扣押，并应当在15日内依法作出处理决定。

装饰装修施工企业应当指定专人配合安全生产监督检查人员对其安全生产进行检查，对检查的时间、地点、内容、发现的问题及其处理情况作出书面记录，并由检查人员和被检查单位的负责人签字确认。施工单位对负有安全生产监督管理职责的部门的监督检查人员依法履行监督检查职责，应当予以配合，不得拒绝、阻挠。

14. 建筑装饰装修施工企业发生生产安全事故后的处理程序是什么？

答：建筑装饰装修施工单位发生生产安全事故后，事故现场有关人员应当立即报告本单位负责人。单位负责人接到事故报告后，应当迅速采取有效措施，组织抢救，防止事故扩大，减少人员伤亡和财产损失，并按照国家有关规定立即如实报告当地负有安全生产监督管理职责的部门，不得隐瞒不报、谎报或者拖延不报，不得故意破坏事故现场、毁灭有关证据。

负有安全生产监督管理职责的部门接到事故报告后，应当立即按照国家有关规定上报事故情况。负有安全生产监督管理职责的部门和有关地方人民政府对事故情况不得隐瞒不报、谎报或者拖延不报。

有关地方人民政府和负有安全生产监督管理职责的部门的负责人接到重大生产安全事故报告后，应当立即赶到事故现场，组织事故抢救。任何单位和个人都应当支持、配合事故抢救，并提供一切便利条件。

15. 安全事故的调查与处理以及事故责任认定应遵循哪些原则？

答：事故调查处理应当遵循实事求是、尊重科学的原则，及时、准确地查清事故原因，查明事故性质和责任，总结事故教训，提出整改措施。

16. 施工企业的安全责任有哪些内容？

答：《安全生产法》规定：施工单位的决策机构、主要负责人、个人经营的投资人应依照《安全生产法》的规定，保证安全生产所必需的资金投入，确保生产经营单位具备安全生产条件。施工单位的主要负责人应履行《安全生产法》规定的安全生产管理职责。

建筑装饰装修施工单位应履行下列职责：

（1）按照规定设立安全生产管理机构或者配备安全生产管理人员；

（2）危险物品的生产、经营、储存单位以及建筑装饰装修施工单位的主要负责人和安全生产管理人员应按照规定经考核合格；

（3）按照《安全生产法》的规定，对从业人员进行安全生产教育和培训，或者按照《安全生产法》的规定如实告知从业人员有关的安全生产事项；

（4）特种作业人员应按照规定经专门的安全作业培训并取得特种作业操作资格证书，上岗作业。用于生产、储存危险物品的建设项目的施工单位应按照批准的安全设施设计施工，项目竣工投入生产或者使用前，安全设施经验收合格；应在有较大危险因素的生产经营场所和有关设施、设备上设置明显的安全警示标志；安全设备的安装、使用、检测、改造和报废应符合国家标准或者行业标准；为从业人员提供符合国家标准或者行业标准的劳动防护用品；对安全设备进行经常性维护、保养和定期检测；不使用国家明令淘汰、禁止使用的危及生产安全的工艺、设备；特种设备以及危险物品的容器、运输工具经取得专业资质的机构检测、检验合格，取得安全使用证或者安全标志后再投入使用；进行爆破、吊装等危险作业，应安排专门管理人员进行现场安全管理。

17. 建筑装饰装修施工企业对工程质量的责任和义务各有哪些内容？

答：《建筑法》和《建设工程质量管理条例》规定的装饰装修施工企业的工程质量的责任和义务包括：做到在资质等级许可的范围内承揽工程；做到不允许其他单位或个人以自己单位的名义承揽工程；施工单位不得转包或者违法分包工程。施工单位对建设工程的施工质量负责。施工单位应当建立质量责任制，确定工程项目的项目经理、技术负责人和施工管理负责人。建设工程实行总承包的总承包单位应当对全部建设工程质量负责，分包单位应当按照分包合同的约定对其分包工程的质量负责。施工单位应按照工程设计图纸和施工技术标准施工，不得擅自修改工程设计，不得偷工减料；对施工过程中出现的质量问题或竣工验收不合格的工程项目，应当负责返修。施工单位在组织施工中应当准确全面理解工程项目相关设计规范和施工验收规范的规定、地方和行业法规与标准的规定。

18. 什么是劳动合同？劳动合同的形式有哪些？怎样订立和变更劳动合同？无效劳动合同的构成条件有哪些？

答：为了确定调整劳动者各主体之间的关系，明确劳动合同双方当事人的权利和义务，确保劳动者的合法权益，构建和发展和谐稳定的劳动关系，依据相关法律、法规、用人单位和劳动者双方的意愿等所签订的确定契约称为劳动合同。

劳动合同分为固定期限劳动合同、无固定期限劳动合同和以完成一定工作任务为期限的劳动合同等。固定期限劳动合同，是指用人单位与劳动者约定终止时间的劳动合同。用人单位与劳动者协商一致，可以订立固定期限劳动合同。无固定期限劳动合同，是指用人单位与劳动者约定无确定终止时间的劳动合同。以完成一定工作任务为期限的劳动合同是指用人单位与劳动者约定以某项工作的完成为合同期限的劳动合同。

用人单位与劳动者协商一致，并经用人单位与劳动者在劳动合同文本上签字或者盖章后生效。用人单位与劳动者协商一致，可以变更劳动合同约定的内容，变更劳动合同应当采用书面的形式。订立的劳动合同和变更后的劳动合同文本由用人单位和劳动者各执一份。

无效劳动合同，是指当事人签订成立的而国家不予承认其法律效力的合同。劳动合同无效或者部分无效的情形有：

（1）以欺诈、胁迫手段或者乘人之危，使对方在违背真实意思的情况下订立或者变更劳动合同的；

（2）用人单位免除自己的法定责任、排除劳动者权利的；

（3）违反法律、行政法规强制性规定的。对于合同无效或部分无效有争议的，由劳动仲裁机构或者人民法院确定。

19. 怎样解除劳动合同？

答：有下列情形之一者，依照劳动合同法规定的条件、程序，劳动者可以与用人单位解除劳动合同关系：

（1）用人单位与劳动者协商一致的；

（2）劳动者提前 30 日以书面形式通知用人单位的；

（3）劳动者在试用期内提前三日通知用人单位的；

（4）用人单位未按照劳动合同约定提供劳动保护或者劳动条件的；

（5）用人单位未及时足额支付劳动报酬的；

（6）用人单位未依法为劳动者缴纳社会保险的；

（7）用人单位的规章制度违反法律、法规的规定，损害劳动者利益的；

（8）用人单位以欺诈、胁迫手段或者乘人之危，使劳动者在违背真实意思的情况下订立或变更劳动合同的；

（9）用人单位在劳动合同中免除自己的法定责任、排除劳动者权利的；

（10）用人单位违反法律、行政法规强制性规定的；

（11）用人单位以暴力威胁或者非法限制人身自由的手段强迫劳动者劳动的；

（12）用人单位违章指挥、强令冒险作业危及劳动者人身安全的；

（13）法律行政法规规定劳动者可以解除劳动合同的其他情形。

有下列情形之一者，依照劳动合同法规定的条件、程序，用人单位可以与劳动者解除劳动合同关系：

1）用人单位与劳动者协商一致的；

2）劳动者在使用期间被证明不符合录用条件的；

3）劳动者严重违反用人单位的规章制度的；

4）劳动者严重失职，营私舞弊，给用人单位造成重大损失的；

5）劳动者与其他单位建立劳动关系，对完成本单位的工作任务造成严重影响，或者经用人单位提出，拒不改正的；

6）劳动者以欺诈、胁迫手段或者乘人之危，使用人单位在违背真实意思的情况下订立或变更劳动合同的；

7）劳动者被依法追究刑事责任的；

8）劳动者患病或者因工负伤不能从事原工作，也不能从事由用人单位另行安排的工作的；

9）劳动者不能胜任工作，经培训或者调整工作岗位，仍不能胜任工作的；

10）劳动合同订立所依据的客观情况发生重大变化，致使劳动合同无法履行，经用人单位与劳动者协商，未能就变更劳动合同内容达成协议的；

11）用人单位依照企业破产法规定进行重整的；

12）用人单位生产经营发生严重困难的；

13）企业转产、重大技术革新或者经营方式调整，经变更劳动合同后，仍需裁减人员的；

14）其他因劳动合同订立时所依据的客观情况发生重大变化，致使劳动合同无法履行的。

20. 什么是集体合同？集体合同的效力有哪些？集体合同的内容和订立程序各有哪些内容？

答：企业职工一方与企业就劳动报酬、工作时间、休息休假、劳动安全卫生、保险福利等事项，签订的合同称为集体合同。集体合同草案应当提交职工代表大会或者全体职工讨论通过。集体合同由工会代表职工与企业签订；没有建立工会的企业，由职工推举的代表与企业签订。集体合同签订后应当报送劳动行政部门；劳动行政部门自收到集体合同文本之日起十五日内未提出异议的，集体合同即行生效。

依法订立的集体合同对用人单位和劳动者具有约束力。行业性、区域性集体合同对当地本行业、本区域的用人单位和劳动者具有约束力。依法订立的集体合同对企业和企业全体职工具有约束力。职工个人与企业订立的劳动合同中劳动条件和劳动报酬等标准不得低于集体合同的规定。集体合同中的劳动报酬和劳动条件不得低于当地人民政府规定的最低标准。

21. 《劳动法》对劳动卫生作了哪些规定？

答：用人单位必须建立、健全劳动安全卫生制度，严格执行国家劳动安全卫生规程和标准，对劳动者进行劳动安全卫生教育，防止劳动过程中的事故，减少职业危害。劳动安全卫生设施必须符合国家规定的标准。新建、改建、扩建工程的劳动安全卫生设施必须与主体工程同时设计、同时施工、同时投入生产和使用。用人单位必须为劳动者提供符合国家规定的劳动安全卫生条件和必要的劳动防护用品，对从事有职业危害作业的劳动者应当定期进行健康检查。

第二节　工程材料的基本知识

1. 无机胶凝材料是怎样分类的？它们特性各有哪些？

答：（1）胶凝材料及其分类

胶凝材料就是把块状、颗粒状或纤维状材料粘结为整体的材料。无机胶凝材料也称为矿物胶凝材料，其主要成分是无机化合物、如水泥、石膏、石灰等均属于无机胶凝材料。

（2）胶凝材料的特性

根据硬化条件的不同，无机胶凝材料分为气硬性胶凝材料（如石灰、石膏、水玻璃）和水硬性胶凝材料（如水泥）两类。气硬性胶凝材料只能在空气中凝结、硬化、保持和发展强度，通常适用于干燥环境，在潮湿环境和水中不能使用。水硬性胶凝材料既能在空气中硬化，也能在水中凝结、硬化、保持和发展强度，既适用于干燥环境，也适用于潮湿环境和水中。

2. 水泥怎样分类？通用水泥分哪几个品种？它们各自主要技术性能有哪些？

答：（1）水泥及其品种分类

水泥是一种加水拌合成塑性浆体，通过水化逐渐固结、硬化，能够胶结砂、石等固体材料，并能在空气和水中硬化的粉状水硬性胶凝材料。水泥的品种可按以下两种方法分类。

1）按矿物组成分类。可分为硅酸盐水泥、铝酸盐水泥、硫铝酸盐水泥、氟铝酸盐水泥、铁铝酸盐水泥及少熟料或无熟料水泥等。

2）按其用途和性能可分为通用水泥、专用水泥和特种水泥三大类。

（2）建筑工程常用水泥的品种

用于一般建筑工程的水泥为通用水泥，它包括硅酸盐水泥、普通硅酸盐水泥、矿渣硅酸盐水泥、火山灰质硅酸盐水泥、粉煤灰硅酸盐水泥、复合硅酸盐水泥等。

（3）建筑工程常用水泥的主要技术性能

建筑工程常用水泥的主要技术性能包括细度、标准稠度及其用水量、凝结时间、体积安定性、水泥强度、水化热等。

1）细度。细度是指水泥颗粒粗细的程度。它是影响水泥需水量、凝结时间、强度和安定性能的重要指标。颗粒越细，与水反应的表面积就越大，水化反应的速度就越快，水泥石的早期强度就越高，但硬化体的收缩也越大，且水泥储运过程中易受潮而降低活性。因此，水泥的细度应适当。

2）标准稠度及其用水量。在测定水泥凝结时间、体积安定性等性能时，为使所测结果有准确的可比性，规定在试验时所用的水泥净浆必须按规范 GB/T 1346—2011 的规定以标准方法测试，并达到统一规定的浆体可塑性（标准稠度）。水泥净浆体标准稠度用水量，是指拌制水泥净浆时为达到标准稠度所需的加水量，它以水与水泥用量之比的百分数表示。

3）凝结时间。水泥从加水开始到失去流动性所需的时间称为凝结时间，分为初凝时间和终凝时间。初凝时间为水泥从加水拌和起到水泥浆开始失去可塑性所需的时间；终凝时间是指水泥从加水拌和起到水泥浆完全失去可塑性，并开始产生强度所需要的时间。水泥的凝结时间对施工具有较大的意义。初凝时间过短，施工时没有足够的时间完成混凝土或砂浆的搅拌、运输、浇捣和砌筑等操作；水泥的终凝时间过迟，则会拖延施工工期。国家标准规定硅酸盐水泥的初凝时间不得早于45min，终凝时间不得迟于6.5h，其他品种通用水泥初凝时间都是45min，但终凝时间为10h。

4）体积安定性。它是指水泥具体硬化后体积变化的稳定性。安定性不良的水泥，在浆体硬化过程中或硬化后产生不均匀体积膨胀，并引起开裂。水泥安定性不良的主要因素是熟料中含有过量的游离氧化钙、游离氧化镁或研磨时掺入的石膏过多。国家标准规定，水泥熟料中游离氧化镁的含量不得超过5.0%，三氧化硫的含量不得超过3.5%，体积安定性不合格的水泥为废品，不能用于工程。

5）水泥强度。水泥强度与水泥的矿物组成、水泥细度、水灰比大小、水化龄期和环境温度等密切相关。水泥强度按国家标准《水泥胶砂强度检验方法（ISO）法》GB/T 17671的规定制作试块、养护并测定其抗压强度和抗折强度值，并据此评定水泥的强度等级。

6）水化热。水泥水化放出的热量以及放热速度，主要取决于水泥矿物组成和细度。熟料矿物质铝酸三钙和硅酸三钙含量越高，颗粒越细，则水化热越大。水化热越大对冬期施工越有利，但对大体积混凝土工程是有害的。为了避免温度应力引起水泥石开裂，在大体积混凝土工程施工中，不宜采用硅酸盐水泥，而应采用水化热低的矿渣水泥等，水化热的测定可按国家标准规定的方法测定。

3. 普通混凝土是怎样分类的？

答：混凝土是以胶凝材料、粗细骨料及其他外掺材料按适当比例搅拌、成型、养护、硬化而成的人工石材。通常将以水泥、矿物掺合材料、粗细骨料、水和外加剂按一定比例配制而成的、干表观密度为2000～2800kg/m³的混凝土称为普通混凝土。

16

普通混凝土的分类：

（1）按用途分。可分为结构混凝土、抗渗混凝土、抗冻混凝土、大体积混凝土、水工混凝土、耐热混凝土、耐酸混凝土、装饰混凝土等。

（2）按强度等级分。可分为普通混凝土、强度等级高于 C60 的高强度混凝土及强度等级高于 C100 的超高强度混凝土。

（3）按施工工艺分。可分为喷射混凝土、泵送混凝土、碾压混凝土、压力灌浆混凝土、离心混凝土、真空脱水混凝土。

4. 混凝土的主要技术性能有哪些？

答：包括混凝土拌合物的技术性质和硬化混凝土的技术性质。拌合物的主要性质有和易性，硬化混凝土的主要技术性质包括强度、变形和耐久性。

混凝土中各种组成材料按比例配合经搅拌形成的混合物称为混凝土的拌合物，又称新拌混凝土。混凝土拌合物易于各工序的施工操作（搅拌、运输、浇筑、振捣、成型等），并获得质量稳定、整体均匀、成型密实的混凝土性能，称为混凝土拌合物的和易性。和易性是满足施工工艺要求的综合性质，包括流动性、黏聚性和保水性。

流动性是指混凝土拌合物在自重或机械振动时能够产生流动的性质。流动性的大小反映了混凝土拌合物的稀稠程度，流动性良好的拌合物，易于浇筑、振捣和成型。

黏聚性是指混凝土组成材料间具有一定的凝聚力，在施工过程中混凝土能够保持整体均匀的性能。黏聚性反映了混凝土拌合物的均匀性，黏聚性良好的拌合物易于施工操作，不会产生分层和离析的现象。黏聚性差时，会造成混凝土质地不均匀，振捣后易出现蜂窝、空洞等现象。

保水性是指混凝土拌合物在施工过程中具有一定的保持内部水分而抵抗泌水的能力。保水性反映了混凝土拌合物的稳定性。保水性差的混凝土拌合物在混凝土内形成通水通道，影响混凝土的密实性，并降低混凝土的强度和耐久性。

流动性是反映和易性的主要指标，流动性常用坍落度法测定，坍落度数值越大，表明混凝土拌合物流动性大，根据坍落度值的大小，可以将混凝土分为四级：大流动性混凝土（坍落度大于160mm）、流动性混凝土（坍落度100～150mm）、塑性混凝土（坍落度10～90mm）和干硬性混凝土（坍落度小于10mm）。

5. 硬化后混凝土的强度有哪几种？

答：根据国家标准《混凝土结构设计规范》GB 50010—2010 的规定，混凝土强度等级按立方体抗压强度标准值确定，混凝土强度包括立方体抗压强度标准值，轴心抗压强度和轴心抗拉强度。

（1）混凝土立方体抗压强度

《规范》规定：混凝土的立方体抗压强度标准值是指在标准状况下制作养护边长为150mm立方体试块，用标准方法测得的28d龄期时，具有95%保证概率的强度值，单位是MPa（N/mm²）。我国现行《混凝土结构设计规范》规定混凝土强度等级有C15、C20、C25、C30、C35、C40、C45、C50、C55、C60、C65、C70、C75、C80共14级，其中C代表混凝土，C后面的数字代表立方体抗压标准强度值，单位是 N/mm²，用符号 $f_{cu,k}$ 表示。《规范》同时允许，对近年来使用量明显增加的粉煤灰等矿物混凝土，确定其立方体抗压强度标准值 $f_{cu,k}$ 时，龄期不受28d的限值，可以由设计者根据具体情况适当延长。

（2）混凝土轴心抗压强度

实验证明，立方体抗压强度不能代表以受压为主的结构构件中混凝土强度。通过用同批次混凝土在同一条件下制作养护的棱柱体试件和短柱在轴心力作用下受压性能的对比试验，可以看出高宽比超过3以后的混凝土棱柱体中的混凝土抗压强度和以受压为主的钢筋混凝土构件中的混凝土抗压强度是一致的。因此，《规范》规定用高宽比为3～4的混凝土棱柱体试件测得的混凝土的抗压强度，并作为混凝土的轴心抗压强度（棱柱体抗压强度），混凝土轴心抗压强度标准值用符号 f_{ck} 表示。

（3）混凝土的抗拉强度

常用的混凝土轴心抗拉强度测定方法是拔出试验或劈裂试验。相比之下拔出试验更为简单易行。拔出试验采用 100mm×100mm×500mm 的棱柱体，在试件两端轴心位置预埋Φ16 或Φ18 级钢筋，埋入深度为 150mm，在标准状况下养护 28d 龄期后可测试其抗拉强度，混凝土轴心抗拉强度标准值用符号 f_{tk} 表示。

6. 混凝土的耐久性包括哪些内容？

答：混凝土抵抗自身因素和环境因素的长期破坏，保持其原有性能的能力，称为耐久性。混凝土的耐久性主要包括抗渗性、抗冻性、抗腐性、抗碳化、抗碱—骨料反应等方面。

（1）抗渗性

混凝土抵抗压力液体（水或油）等渗透体的能力称为抗渗性。混凝土抗渗性用抗渗等级表示。抗渗等级是以 28d 龄期的标准试件，用标准方法进行试验，以每组六个试件，四个试件为出现渗水时，所能承受的最大静压力（单位为 MPa）来确定。混凝土的抗渗等级用代号 P 表示，分为 P4、P6、P8、P10、P12 和大于 P12 六个等级。P6 表示混凝土抵抗 0.4MPa 的液体压力而不渗水。

（2）抗冻性

混凝土在吸水饱和状态下，抵抗多次反复冻融循环而不破坏，同时也不严重降低其各种性能的能力，称为抗冻性。混凝土抗冻性用抗冻等级表示。抗冻等级是以 28d 龄期的标准试件，在浸水饱和状态下，进行冻融循环试验，以抗压强度损失不超过 25%，同时，重量损失不超过 5%时，所承受的最大冻融循环次数来确定。混凝土的抗渗等级用 F 表示，分为 F50、F100、F150、F200、F250、F300、F350、F400 和大于 F400 九个等级。F200 表示混凝土在强度损失不超过 25%，重量损失不超过

5%时，所能承受的最大冻融循环次数为 200。

（3）抗腐性

混凝土在外界各种侵蚀介质作用下，抵抗破坏的能力，称为混凝土的抗腐蚀性。当工程所处环境存在侵蚀性介质时，对混凝土必须提出耐腐性要求。

7. 什么是混凝土的徐变？它对混凝土的性能有什么影响？徐变产生的原因是什么？

答：（1）混凝土的徐变

构件在长期不变的荷载作用下，应变随时间增长具有持续增长的特性，混凝土这种受力变形称为徐变。

（2）混凝土的徐变对构件的影响

徐变对混凝土结构构件的变形和承载能力会产生明显的不利影响，在预应力混凝土构件中会造成预应力损失。这些影响对结构构件的受力和变形是有危害的，因此在设计和施工过程中要尽可能采取措施降低混凝土的徐变。

（3）徐变产生的原因

徐变产生的原因主要包括以下两个方面：

1）混凝土内的水泥凝胶在压应力作用下具有缓慢黏性流动的性质，这种黏性流动变形需要较长的时间才能逐渐完成。在这个变形过程中，凝胶体会把它承受的压力转嫁给骨料，从而使黏流变形逐渐减弱直到结束。当卸去荷载后，骨料受到的压力会逐步回传给凝胶体，因此，一部分徐变变形能够恢复。

2）当试件受到较高压应力作用时，混凝土内的微裂缝会不断增加和延长，助长了徐变的产生。压应力越高，这种因素的影响在总徐变中占的比例就越高。

上述对徐变产生的因素归纳起来有以下几点：

1）混凝土内在的材性方面的影响

① 水泥用量越多，凝胶体在混凝土内占的比例就越高，由于水泥凝胶体的黏弹性造成的徐变就越大；降低这个因素产生应

变的措施是，在保混凝土强度等级的前提下，严格控制水泥用量不要超过规定随意加大混凝土中水泥的用量。

②水灰比越高，混凝土凝结硬化后残留在其内部的工艺水就越多，由于它的挥发和不断逸出产生的空隙就越多，徐变就会越大。减少这个因素产生的徐变措施是，在保证混凝土流动性的前提下，严格控制用水量，减低水灰比和多余的工艺水。

③骨料级配越好，徐变越小。骨料级配越好，骨料在混凝土体内占的体积越多，水泥凝胶体就越少，凝胶体向结晶体转化时体积的缩小量就少，压应力从凝胶体向骨料的内力转移就少，徐变就少。减少这种因素引起的徐变，主要措施是选择级配良好的骨料。

④骨料的弹性模量越高，徐变越小。这是因为骨料越坚硬，在凝胶体向其转化内力时骨料的变形就小，徐变也就会减小。减少这种因素引起的徐变的主要措施是选择坚硬的骨料。

2）混凝土养护和工作环境条件的影响

①混凝土制作养护和工作环境的温度正常、湿度高、徐变小；反之，温度高、湿度低徐变大。在实际工程施工时混凝土养护时的环境温度一般难以调控，在常温下充分保证湿度，徐变就会降低。

②构件的体积和面积的比小（即表面面积相对较大）的构件，混凝土内部水分散发较快，混凝分内水泥颗粒早期的水解不充分，凝胶体的产生和其变为结晶体的过程不充分，徐变就大。

③混凝土加荷龄期越长，其内部结晶体的量越多，凝结硬化越充分，徐变就越小。

④构件截面受到长期不变应力作用时的压应力越大，徐变越大。在压应力小于 $0.5f_c$ 范围内，压应力和徐变呈线性关系，这种关系成为线性徐变；在 $(0.55\sim0.6)f_c$ 时，随时间延长徐变和时间关系曲线是收敛曲线，即会朝某个固定值靠近，但收敛性随应力的增高越来越差。当压应力超过 $0.8f_c$ 时，徐变时间曲线就成为发散性曲线了，徐变的增长最终将会导致混凝土压碎。

这是因为在较高应力作用下混凝土中的微裂缝已经处于不稳定状态。长期较高压应力的作用将促使这些微裂缝进一步发展，最终导致混凝土被压碎。这种情况下，混凝土压碎时的压应力低于一次短期加荷时的轴心抗压强度。

由此可知，徐变会降低混凝土的强度。因为，加荷速度越慢，荷载作用下徐变发展得越充分，相应地我们测出的混凝土抗压强度也就越低。这和前面所述的加荷速度越慢测出的混凝土强度越低，是同一个物理现象的两种不同表现形式。

8. 什么是混凝土的收缩？

答：混凝土在空气中凝结硬化的过程中，体积会随时间的推移不断缩小，这种现象称为混凝土的收缩；相反，在水中结硬的混凝土其体积会略有增加，这种现象称为混凝土的膨胀。

混凝土的收缩包括失去水分的干缩，它是在混凝土凝结硬化过程中内部水分散失引起的，一般认为这种收缩是可逆的，构件吸水后这种徐变的绝大部分会恢复。混凝土体内由于水泥凝胶体转化为结晶体的过程造成的体积收缩叫做凝缩。这种收缩是不可逆的变化，凝胶体结硬变为结晶体时，吸水后不会逆向还原为具有黏弹性的凝胶体。

影响混凝土干缩的因素包括以下几个方面。

（1）水灰比越大，收缩越大。因此，在保证混凝土和易性和流动性的情况下，尽可能降低水灰比。

（2）养护和使用环境的湿度大，温度较低时水分散失的少，收缩就小。同等条件下加强养护提高养护环境的湿度是降低收缩的有效措施。

（3）体表比大，构件表面积相对越大，水分散失就越快，收缩就大。

影响收缩的因素包括以下几个方面。

1）水泥用量多、强度高时收缩大。这是由于凝胶体份量多转化成结晶体的体积多，收缩就大。因此，在保证混凝土强度等级的前提下，要严格控制水泥用量，选择强度等级合适的水泥。

2）骨料级配越好，密度就越大，混凝土的弹性模量就越高，对凝胶体的收缩就会起到制约作用，故收缩就小。混凝土配合比设计和骨料选用时，合理的级配对降低混凝土的收缩作用明显。

由以上分析可知，混凝土的收缩有些影响因素和混凝土徐变相似，但两者截然不同，徐变是受力变形，而收缩是体积变形，收缩和外力无关，这是两者的根本性区别。

9. 普通混凝土的组成材料有几种？它们各自的主要技术性能有哪些？

答：普通混凝土的组成材料有水泥、砂子、石子、水、外加剂或掺合料。前四种是组成混凝土的基本材料，后两种材料可根据混凝土性能的需要有选择的添加。

（1）水泥

水泥是混凝土的中最主要的材料，也是成本最高的材料，它也是决定混凝土强度和耐久性能的关键材料。水泥品种的选用一般普通混凝土可用硅酸盐水泥、普通硅酸盐水泥、矿渣硅酸盐水泥、火山灰质硅酸盐水泥及粉煤灰硅酸盐水泥，复合硅酸盐水泥等通用水泥。

水泥强度等级的选择应根据混凝土强度等级的要求来确定，低强度混凝土应选择低强度等级的水泥。一般情况下对于强度等级低于 C30 的中、低强度混凝土，水泥强度等级为混凝土强度等级的 1.5～2.0 倍；高强混凝土，水泥强度等级与混凝土强度等级之比可小于 1.5，但不能低于 0.8。

（2）细骨料

细骨料是指公称直径小于 5mm 的岩石颗粒，也就是通常所称的砂。根据其生产来源不同可分为天然砂（河砂、湖砂、海砂和山砂）、人工砂和混合砂。混合砂是人工砂与天然砂按一定比例组合而成的砂。

配制混凝土的砂要求清洁不含杂质，国家标准对砂中的云母、轻物质、硫化物及硫化盐、有机物、氯化物等各种有害物含量以及海砂中的贝壳含量作了规定。含泥量是指天然砂中公称粒径小于 $80\mu m$ 的颗粒含量。泥块含量是指砂中公称粒径大于 $1.25mm$ 净水浸洗，手捏后变成小于 $630\mu m$ 的颗粒含量。有关国家标准和行业标准都对含泥量、泥块含量、石粉含量作了限定。砂在自然风化和其他外界物理、化学因素作用下，抵抗破坏的能力称为其坚固性。天然砂的坚固性用硫酸钠溶液法检验，砂样经 5 次循环后其重量损失应符合国家标准的规定。砂的表观密度大于 $2500kg/m^3$，松散砂堆积密度大于 $1350kg/m^3$，空隙率小于 47%。砂的粗细程度和颗粒级配应符合规定要求。

（3）粗骨料

粗骨料是指公称直径大于 5mm 的岩石颗粒，通常称为石子。天然形成的石子称为卵石，人工破碎而成的石子称为碎石。

粗骨料中泥、泥块含量以及硫化物、硫酸盐含量、有机物等有害物质的含量应符合国家标准规定。卵石及碎石形状以及接近卵形或立方体为较好。针状和片状的颗粒自身强度低，而其空隙大，影响混凝土的强度，因此，国家标准中对以上了两种颗粒含量作了规定。为了保证混凝土的强度，粗骨料必须具有足够的强度，粗骨料的强度指标包括岩石抗压强度、碎石抗压强度两种。国家标准同时对粗骨料的坚固性也做了规定，坚固性是指卵石及碎石在自然风化和物理、化学作用下抵抗破裂的能力，有抗冻性要求的混凝土所用粗骨料，要求测定其坚固性。

（4）水

混凝土用水包括混凝土拌合用水和养护用水。混凝土用水应优先选用符合国家标准的饮用水，混凝土用水中各种杂质的含量应符合《混凝土用水标准》JGJ 63—2006 的规定。

10. 轻混凝土的特性有哪些？用途是什么？

答：轻混凝土是指干表观密度小于 $2000kg/m^3$ 的混凝土，包括轻骨料混凝土、多孔混凝土和大孔混凝土。

用轻粗骨料（堆积密度小于 $1000kg/m^3$）和细骨料或轻细骨料（堆积密度小于 $1200kg/m^3$）加水泥拌制而成的混凝土，其表观密度不大于 $1950kg/m^3$，称为轻骨料混凝土。分为由轻粗骨料和轻细骨料组成的全轻混凝土及细骨料为普通砂和轻粗骨料的砂轻混凝土。

轻骨料混凝土可以用浮石、陶粒、煤渣、膨胀珍珠岩等轻骨料制成。多孔混凝土以水泥、混合料、水及适量的发泡剂（铝粉等）或泡沫剂为原料而成，是一种内部均匀分布细小气孔而无骨料的混凝土。大孔混凝土是以粒径相似的粗骨料、水泥、水配制而成（不加或少加砂），有时加入外加剂。

轻混凝土的主要特性包括：表观密度小；保温性能好；耐火性能好；力学性能好；易于加工等。轻混凝土主要用于非承重墙的墙体及保温隔声材料。轻骨料混凝土还可以用于承重结构，以达到减轻自重的目的。

11. 高性能混凝土的特性有哪些？用途是什么？

答：高性能混凝土是指具有高耐久性和良好的工作性能，早期强度高而后期强度不倒缩，体积稳定性好的混凝土。它的特征包括：具有一定的强度和高抗渗能力；具有良好的工作性能；耐久性好；具有较高的体积稳定性。

高性能混凝土是普通水泥混凝土的发展方向之一，它被广泛用于桥梁、高层建筑、工业厂房结构、港口及海洋工程、水工结构等工程中。

12. 预拌混凝土的特性有哪些？用途是什么？

答：预拌混凝土也称为商品混凝土，是指由水泥、骨料、水以及根据需要掺入的外加剂、矿物掺合料等组分按一定的比例，在搅拌站经计量、拌制后出售的并采用运输车，在规定时间内运至使用地点的混凝土拌合物。

预拌混凝土设备利用率高，计量准确、产品质量高、材料消耗少，工效高、成本较低，又能改善劳动条件，减少环境污染。

13. 常用混凝土外加剂有多少种类？

答：（1）混凝土外加剂按照主要功能分

混凝土外加剂按照主要功能分，可分为为高性能减水剂、高效减水剂、普通减水剂、引气减水剂、泵送剂、早强剂、缓凝剂、引气剂。

（2）外加剂按其使用功能分

外加剂按其使用功能分可为四类：①改善混凝土流变性的外加剂，包括减水剂、泵送剂；②调节混凝土凝结时间、硬化性能的外加剂，包括缓凝剂、速凝剂、早强剂等；③改善混凝土耐久性的外加剂，包括引气剂、防水剂、阻锈剂和矿物外加剂等；④改善混凝土其他性能的外加剂，包括加气剂、膨胀剂、防冻剂及着色剂。

14. 常用混凝土外加剂的品种及应用有哪些内容？

答：（1）减水剂

减水剂是一种使用最广泛、品种最大的一种外加剂，按其用途不同进一步可以分为普通减水剂、高效减水剂、早强减水剂、缓凝减水剂、缓凝高效减水剂、引气减水剂等。

（2）早强剂

早强剂是加速水泥水化和硬化，促进混凝土早期强度增长的外加剂。可缩短混凝土养护龄期，加快施工进度，提高模板和场地周转率。常用的早强剂有氯盐类、硫酸盐类和有机胺类。

1）氯盐类早强剂。它主要有氯化钙、氯化钠，其中氯化钙是国内外使用最广的一种早强剂。为了抑制氯化钙对钢筋的腐蚀作用，常将氯化钙与阻锈剂硝酸钠复合使用。

2）硫酸盐类早强剂。它包括硫酸钠、硫代酸钠、硫酸钾、硫酸铝等，其中硫酸钠使用最广。

3）有机胺类早强剂。它包括三乙醇胺、三异丙醇胺等，前者最常用。

4）复合早强剂。以上三类早强剂在使用时，通常复合使用。复合早强剂往往比单组分早强剂具有更优良的早强效果，掺量也可以比单组分早强剂有所降低。

（3）缓凝剂

缓凝剂它可以在较长时间内保持混凝土工作性，延缓混凝土凝结和硬化时间的外加剂。它分为无机和有机两大类。它的品种有糖类，木质素硫磺盐类，羟基羟酸及其盐类，无机盐类。

缓凝剂适用于较长时间运输的混凝土、高温季节施工的混凝土、泵送混凝土、滑模施工混凝土、大体积混凝土、分层浇筑的混凝土，不适用5℃以下施工的混凝土，也不适用于有早强要求的混凝土及蒸汽养护的混凝土。

（4）引气剂

引气剂是一种在搅拌过程中具有在砂浆或混凝土中引入大量、均匀分布的气泡，而且在硬化后能保留在其中的一种外加剂。进入引气剂可以改善混凝土拌合物的和易性，显著提高混凝土的抗冻性能和抗渗性能，但会降低混凝土的弹性模量和强度。

引气剂有松香树脂类，烷基苯硫磺盐类和脂醇磺酸盐类，其中松香树脂中的松香热聚物和松香皂应用最多。

引气剂适用于配制抗冻混凝土、泵送混凝土、港口混凝土、防水混凝土以及骨料质量差、泌水严重的混凝土，不适宜配制蒸汽养护的混凝土。

（5）膨胀剂

膨胀剂是一种使混凝土体积产生膨胀的外加剂。常用的膨胀剂种类有硫铝酸钙类、氧化钙类、硫铝酸—氧化钙类等。

（6）防冻剂

防冻剂是能使混凝土在温度为零下硬化并能在规定条件下达到预期性能的外加剂。常用防冻剂有氯盐类（氯化钙、氯化钠、氯化氮等）；氯盐阻锈类：氯盐与阻锈剂（亚硝酸钠）为主的复合外加剂，无氯盐类（硝酸盐、亚硝酸盐、乙钠盐、尿素等）。

（7）泵送剂

泵送剂是改善混凝土泵送性能的外加剂。它由减水剂、调凝剂、引气剂、润滑剂等多种组分复合而成。

（8）速凝剂

速凝剂是使混凝土迅速凝结和硬化的外加剂。能使混凝土在5min内初凝，10min内终凝，1h内产生强度。速凝剂主要用于喷射混凝土、堵漏等。

15. 砂浆分为哪几类？它们各自的特性各有哪些？砌筑砂浆组成材料及其主要技术要求包括哪些内容？

答：砂浆是由胶凝材料水泥和石灰、细骨料砂子加水拌合而成的，特殊情况下根据需要掺入塑性掺合料或外加剂，按照一定的比例混合后搅拌而成。砂浆的作用是将砌体中的块材粘结成整体共同工作；同时，砂浆平整地填充在块材表面能使块材和整个砌体受力均匀；由于砌体填满块材间的缝隙，也同时提高了砌体的隔热、保温、隔声、防潮和防冻性能。

（1）水泥砂浆

水泥砂浆是指不掺加任何其他塑性掺合料的纯水泥砂浆。其强度高、耐久性好、适用于强度要求较高、潮湿环境的砌体。但和易性及保水性差，在强度等级相同的情况下，用同样块材砌筑而成的砌体强度比砂浆流动性好的混合砂浆砌筑的砌体要低。

（2）混合砂浆

混合砂浆是指在水泥砂浆的基本组成成分中加入塑性掺合料（石灰膏、黏土膏）拌制而成的砂浆。它强度较高、耐久性较好、和易性和保水性好，施工灰缝容易做到饱满、平整，便于施工。一般墙体多用混合砂浆，在潮湿环境不适宜用混合砂浆。

（3）非水泥砂浆

它是不含水泥的石灰砂浆、黏土砂浆、石膏砂浆的统称。其强度低、耐久性差、通常用于地上简易的建筑。

砌筑砂浆的技术性质主要包括新拌砂浆的密度、和易性、硬化砂浆强度和对基面的粘结力、抗冻性、收缩值等指标。其中，强度和和易性是新拌砂浆两个重要技术指标。

新拌砂浆的和易性是指砂浆易于施工并能保证质量的综合性质。和易性好的砂浆不仅在运输施工过程中不易产生分离、离析、泌水，而且能在粗糙的砖、石表面铺成均匀的薄层，与基层保持良好的粘结，便于施工操作。和易性包括流动性和保水性两个方面。流动性是指砂浆在重力和外力作用下产生流动的性能。通常用砂浆稠度仪测定；砂浆的保水性是指新拌砂浆能够保持内部水分不泌出流失的能力。砂浆的保水性用保水率（％）表示。

新拌砂浆的强度以 3 个 70.7mm×70.7mm×70.7mm 的立方体试块，在标准状况下养护 28d，用标准方法测得的抗压强度（MPa）算术平均值来评定。砂浆强度等级分为 M5、M7.5、M10、M15、M20、M25、M30 七个等级。

16. 普通抹面砂浆、装饰砂浆的特性各有哪些？在工程中怎样应用？

答：抹面砂浆也称抹灰砂浆，是指涂抹在建筑物或建筑构件表面的砂浆。它既可以保护墙体不受风雨、潮气等侵蚀，提高墙体的耐久性；同时也使建筑物表面平整、光滑、清洁和美观。

按使用功能不同，抹灰砂浆可以分为配套抹面砂浆、装饰砂浆和特殊功能的抹面砂浆（如防水砂浆、耐酸砂浆、绝热砂浆、吸声砂浆等）。

（1）普通抹面砂浆

常用的普通抹面砂浆有水泥砂浆、水泥石灰砂浆、水泥粉煤灰砂浆、掺塑化剂水泥砂浆、聚合物水泥砂浆、石膏砂浆。为了保证抹灰表面的平整，避免开裂和脱落，抹灰砂浆通常分为底层、中层和面层。各层抹灰的作用和要求不同，各层用的砂浆性质也不相同。各层所使用的材料和配合比及施工做法应视基础材料品种、部位及气候环境而定。

① 普通抹灰砂浆的流动性和砂子的最大粒径

为了便于涂抹，普通抹面砂浆要求比砌筑砂浆具有更好的和易性，因此胶凝材料和掺合料的用量比砌筑砂浆多一些。普通抹灰砂浆的流动性和砂子的最大粒径可参考表 1-1。

普通抹灰砂浆的流动性和砂子的最大粒径参考值　表 1-1

抹面层	稠度（s）	砂的最大粒径（mm）
底层	90～110	2.5
中层	70～90	2.5
面层	70～80	1.2

② 普通抹灰砂浆的配合比

普通抹灰砂浆的配合比参考值详见表 1-2。

普通抹灰砂浆的配合比参考值　　　　表 1-2

材料	配合比（体积比）范围	应用范围
石灰：砂	1：1～1：4	用于砖石墙表面（檐口、勒脚、女儿墙以及潮湿房间的墙除外）
石灰：石膏：砂	1：0.4：2～1：1：3	干燥环境墙表面
石灰：石膏：砂	1：2：2～1：2：4	用于不潮湿房间的线脚及其他装饰工程
石灰：水泥：砂	1：0.5：4.5～1：1：5	用于檐口、勒脚、女儿墙以及比较潮湿的部位
水泥：砂	1：3～1：2.5	用于浴室、潮湿车间等墙裙、勒脚或地面基层
水泥：砂	1：2～1：1.5	用于地面、顶棚或墙面面层
水泥：石膏砂：锯末	1：1～1：3	用于吸声粉刷
水泥：白石子	1：1～1：1	用于水磨石（打底用1：2,5 水泥砂浆）
水泥：白石子	1～1：1.5	用于剁斧（斩假石）石（打底用1：2,5 水泥砂浆）
纸筋：白石灰	纸筋 0.36kg：灰膏 0.1m³	较高级墙板、顶棚

30

（2）装饰砂浆

涂抹在建筑物内外墙表面，以增加建筑物美观效果的砂浆称为装饰砂浆。它与普通砂浆的主要区别在面层，装饰砂浆的面层要求具有一定颜色的胶凝材料和集料并采用特殊的施工操作方法，以使表面呈现出不同的色彩线条和花纹装饰效果。

装饰砂浆常用的胶凝材料有白水泥及石灰、石膏等。细骨料常用大理石、花岗岩等带颜色的细石渣或玻璃、陶瓷碎粒等。装饰砂浆常用的工艺做法包括水刷石、水磨石、拉毛等。

17. 砌筑用石材怎样分类？它们各自在什么情况下应用？

答：承重结构中常用的石材应选用无明显风化的天然石材，常用的有密度大的花岗岩、石灰岩、砂岩及轻质天然石。密度大的重质天然石材强度高、耐久，和抗冻性能好。一般用于石材生产区的基础砌体或挡土墙中，也可用于砌筑承重墙，但其热阻小、导热系数大，不宜用于北方需要采暖地区。

石材按其加工后的外形规整的程度可分为料石和毛料石。料石多用于墙体，毛石多用于地下结构和基础。

料石按加工粗细程度不同分为细料石、半细料石、粗料石和毛料石 4 种。料石截面高度和宽度尺寸不宜小于 200mm，且不小于长度的 1/4。毛石外形不规整，但要求中部厚度不应小于 200mm。

石材通常用 3 个 70mm 的立方体试块抗压强度的平均值确定。

石材抗压强度等级有 MU100、MU80、MU60、MU50、MU40、MU30 和 MU20 七个等级。

18. 砖分为哪几类？它们各自的主要技术要求有哪些？工程中怎样选择砖？

答：块材是组成砌体的主要部分，砌体的强度主要来自于砌块。现阶段工程结构中常用的块材有砖、砌体和各种石材。

（1）烧结普通砖

烧结普通砖是由矸石、页岩、粉煤灰或黏土为主要原料，经过焙烧而成的实心砖。分烧结煤矸石砖、烧结页岩砖、烧结粉煤灰砖、烧结黏土砖等。实心黏土砖是我国砌体结构中最主要的和最常见的块材，其生产工艺简单、砌筑时便于操作、强度较高、价格较低廉，所以使用量很大。但是由于生产黏土砖消耗黏土的量大、毁坏农田与农业争地的矛盾突出，焙烧时造成的大气污染等对国家可持续发展构成负面影响，今后除在农村和部分城镇使用以外，大中城市已不允许采用与农争地的实心黏土砖砌体房屋。

1）烧结普通砖。实心烧结普通砖的尺寸为 240mm×115mm×53mm。为符合砖的模数规格，砖砌体（墙）的厚度为 240mm、370mm、490mm、620mm、740mm 等尺寸。

2）烧结多孔砖。烧结多孔砖是由矸石、页岩、粉煤灰或黏土为主要原料，经过焙烧而成、孔隙率不大于 35%，孔的尺寸小而数量多，主要用于承重部位的砖。

砖的强度等级是根据标准试验方法（半砖叠砌）测得的破坏时的抗压强度确定，考虑到这类砖的厚度较小，在砌体中易受弯、受剪后易折断，《砌体结构设计规范》GB 50003—2011 同时规定某种强度的砖同时还要满足对应的抗折强度要求。《砌体结构设计规范》GB 50003—2011 规定，烧结普通砖和烧结多孔砖的强度共有 MU30、MU25、MU20、MU15、MU10 五个等级。

（2）非烧结硅酸盐砖

这类砖是用硅酸盐类材料或工业废料粉煤灰为主要原料生产的，具有节省黏土、不损毁农田、有利于工业废料再利用、减少工业废料对环境污染的作用，同时可取代黏土砖生产，从而可有效降低黏土砖生产过程中环境污染问题，符合环保、节能和可持续发展的思路。这类砖常用的有蒸压灰砂砖、蒸压粉煤灰砖两类。

1）蒸压灰砂砖。它是以石灰等钙质材料和砂等硅质材料为主要原料，经坯料制备、压制排气成型、高压蒸汽养护而成的实心砖。

2）蒸压粉煤灰砖。它是以石灰、消石灰（如电石渣）或水泥等钙质材料与粉煤灰等硅质材料（砂等）为主要原料，掺加适量石膏，经坯料制备、压制排气成型、高压蒸汽养护而成的实心砖。

蒸压灰砂砖和蒸压粉煤灰砖的规格尺寸与实心黏土砖相同，能基本满足一般建筑的使用要求，但这类砖强度较低、耐久性稍差。在高温环境下不具备良好的工作性能，不宜用这类砖砌筑壁炉和烟囱。由于蒸压灰砂砖和粉煤灰砖自重小，用作框架和框架剪力墙结构的填充墙不失为较好的墙体材料。

蒸压灰砂砖的强度等级，与烧结普通砖一样，由抗压强度和抗折强度综合评定。在确定蒸压粉煤灰砖强度等级时，要考虑自然碳化影响，对试验室实测的值除以碳化系数 1.15。砌体结构设计规范规定，它们的强度等级分为 MU25、MU20、MU15 三个等级。

（3）混凝土砖

它是以水泥为胶凝材料，以砂、石为主要骨料、加水搅拌、成型、养护制成的一种多孔的混凝土半盲孔砖或实心砖。多孔砖的主要规格尺寸为 240mm×150mm×90mm、240mm×190mm×90mm、190mm×190mm×90mm 等；实心砖的主要规格尺寸为 240mm×115mm×53mm、240mm×115mm×90mm 等。

19. 工程中最常用的砌块是哪一类？它的主要技术要求有哪些？它的强度分几个等级？

答：工程中最常用的砌块是混凝土小型空心砌块。由普通混凝土或轻骨料混凝土制成，主要规格尺寸为 390mm×190mm×190mm、空心率为 25％～50％ 的空心砌块，简称为混凝土砌块或小型砌块。

砌块体积可达标准砖的很多倍，因为其尺寸大才称为砌块。砌体结构中常用的砌块为普通混凝土或轻骨料混凝土。混凝土空心砌块尺寸大、砌筑效率高、同样体积的砌体可减少砌筑次数，降低劳动强度。砌块分为实心砌块和空心砌块两类，空心砌块的空洞率在 25％～50％ 之间。通常，把高度小于380mm 的砌块称为小型砌块，高度在 380～900mm 的称为中型砌块。

混凝土砌块的强度等级是根据单块受压毛截面积试验时的破坏荷载折算到毛截面积上后确定的。其强度等级分为 MU20、MU15、MU10、MU7.5 和 MU5 共五个等级。

20. 钢筋混凝土结构用钢材有哪些种类？各类的特性是什么？

答：现行《混凝土结构设计规范》GB 50010—2010 中规定：增加了强度为 500MPa 级的热轧带肋钢筋；推广 400MPa、500MPa 级热轧带肋高强度钢筋作为纵向受力的主导钢筋，限制并逐步淘汰 335MPa 级热轧带肋钢筋的应用；用 300MPa 级光圆钢筋取代 235MPa 级光圆钢筋。推广具有较好延性、可焊性、机械连接性能及施工适应性的 HRB 系列普通钢筋。引入用控温轧制工艺生产的 HRBF 系列细晶粒带肋钢筋。RRB 系列余热处理钢筋由轧制钢筋经高温淬水，余热处理后提高强度后得到。其延性、可焊性、机械连接性能及施工适应性降低，一般可用于对变形性能及结构性能要求不高的构件中，如基础、大体积混凝土、楼板、墙体以及次要的中小结构构件等。

混凝土结构和预应力混凝土结构中使用的钢筋如下：

（1）纵向受力普通钢筋宜采用 HRB400、HRB500、HRBF400、HRBF500 钢筋，也可采用 HPB300、HRB335、HRBF335、RRB400 钢筋。

（2）梁、柱纵向受力普通钢筋应采用 HRB400、HRB500、HRBF400、HRBF500 钢筋。

（3）箍筋宜采用 HPB300、HRB400、HRBF400、HRB500、HRBF500 钢筋，也可采用 HRB335、HRBF335 钢筋。

（4）预应力筋宜采用预应力钢丝、钢绞线和预应力螺纹钢筋。

21. 钢结构用钢材有哪些种类？在钢结构工程中怎样选用钢材？

答：钢结构用钢材按组成成分分为碳素结构钢和低合金结构钢两大类。

钢结构用钢材按形状分为热轧型钢（如热轧角钢、热轧工字钢、热轧槽钢、热轧 H 型钢）、冷轧薄壁型钢、钢板等。

钢结构用钢材按强度等级可分为 Q235 钢、Q345 钢、Q390 钢、Q420 钢和 Q460 钢等，每个钢种可按其性能不同，细分为若干个等级。

现行《钢结构设计规范》GB 50017—2003 对钢结构所用钢材的选材规定如下：

（1）钢结构选材应遵循技术可靠、经济合理的原则，综合考虑结构的重要性、荷载特征、结构形式、应力状态、连接方法、钢材厚度、价格和工作环境等因素，选用合适的钢材牌号和材性。

（2）承重结构采用的钢材应具有屈服强度、伸长率、抗拉强度、冲击韧性和硫、磷含量的合格保证，对焊接结构尚应具有碳含量（或碳当量）的合格保证。焊接承重结构以及重要的非焊接承重结构采用的钢材还应具有冷弯试验的合格保证。当选用Q235 钢时，其脱氧方法应选用镇静钢。

（3）钢材的质量等级，应按下列规定选用：

1）对不需要验算疲劳的焊接结构，应符合下列规定：

① 不应采用 Q235A（镇静钢）；

② 当结构工作温度大于 20℃时，可采用 Q235B、Q345A、Q390A、Q420A、Q460 钢；

③ 结构工作温度不高于 20℃但高于 0℃时，应采用 B 级钢；

④ 当结构工作温度不高于 0℃但高于 -20℃时，应采用 C

级钢；

⑤当结构工作温度不高于—20℃时，应采用 D 级钢。

2）对不需要验算疲劳的非焊接结构，应符合下列规定：

①当结构工作温度高于 20℃时，可采用 A 级钢；

②当结构工作温度不高于 20℃但高于 0℃时，宜采用 B 级钢；

③当结构工作温度不高于 0℃但高于—20℃时，应采用 C 级钢；

④当结构工作温度不高于—20℃时，对 Q235 钢和 Q345 钢应采用 C 级钢；对 Q390 钢、Q420 钢和 Q460 钢应采用 D 级钢。

3）对于需要验算疲劳的非焊接结构，应符合下列规定：

①钢材至少应采用 B 级钢；

②当结构工作温度不高于 0℃但高于—20℃时，应采用 C 级钢；

③当结构工作温度不高于—20℃时，对 Q235 钢和 Q345 钢应采用 C 级钢；对 Q390 钢、Q420 钢和 Q460 钢应采用 D 级钢。

4）对于需要验算疲劳的焊接结构，应符合下列规定：

①钢材至少应采用 B 级钢；

②当结构工作温度不高于 0℃但高于—20℃时，Q235 钢和 Q345 钢应采用 C 级钢；对 Q390 钢、Q420 钢和 Q460 钢应采用 D 级钢。

③当结构工作温度不高于—20℃时，Q235 钢和 Q345 钢应采用 D 级钢；对 Q390 钢、Q420 钢和 Q460 钢应采用 E 级钢。

5）承重结构在低于—30℃环境下工作时，其选材还应符合下列规定：

①不宜采用过厚的钢板；

②严格控制钢材的硫、磷、氮含量；

③重要承重结构的受拉板件，当板厚大于等于 40mm 时，宜选用细化晶粒的 GJ 钢板。

（4）焊接材料熔敷金属的力学性能应不低于相应母材标准的

下限值或满足设计要求。当设计或被焊母材有冲击韧性要求规定时，熔敷金属的冲击韧性应不低于设计规定或对母材的要求。

（5）对直接承受动力荷载或振动荷载且需要验算疲劳的结构，或低温环境下工作的厚板结构，宜采用低氢型焊条或低氢焊接方法。

（6）对 T 形、十字形、角接接头，当其翼缘板厚度等于大于 40mm 且连接焊缝熔透高度等于大于 25mm 或连接角焊缝高度大于 35mm 时，设计宜采用对厚度方向性能有要求的抗层状撕裂钢板，其 Z 向性能等级不应低于 Z15（或限制钢板的含硫量不大于 0.01％）；当其翼缘板厚度等于大于 40mm 且连接焊缝熔透高度等于大于 40mm 或连接角焊缝高度大于 60mm 时，Z 向性能等级宜为 Z25（或限制钢板的含硫量不大于 0.007％）。钢板厚度方向性能等级或含硫量限制应根据节点形式、板厚、熔深或焊高、焊接时节点拘束度及预热后热情况综合确定。

（7）有抗震设防要求的钢结构，可能发生塑性变形的构件或部位所采用的钢材应符合钢结构设计规范的规定，其他抗震构件的钢材性能应符合下列规定：

1）钢材应有明显的屈服台阶，且伸长率不应小于 20％；

2）钢材应有良好的焊接性和合格的冲击韧性。

（8）冷成型管材（如方矩管、圆管）和型材，及经冷加工成型的构件，除所用原料板材的性能与技术条件应符合相应材料标准规定外，其最终成型后构件的材料性能和技术条件尚应符合相关设计规范或设计图纸的要求（如延伸率、冲击功、材料质量等级、取样及试验方法）。冷成型圆管的外径与壁厚之比不宜小于 20；冷成型方矩管不宜选用由圆变方工艺生产的钢管。

22. 建筑装饰钢材有哪些种类？各自的特性是什么？在哪些场合使用？

答：钢材具有品质均匀、性能可靠、强度高、抗拉、抗压、抗冲击和抗疲劳等特性好和具有一定的塑性、韧性等优点，以及可焊接、铆接、螺栓连接、可切割和弯曲等易于加工的性能，工程中使用较多。但是钢材具有防腐、防火性能差，如加热至670℃左右时，强度几乎丧失，所以，未经防锈、防火处理的钢构件要进行处理后方可在特殊场合使用。建筑装饰用的型钢包括以下类型：

装饰工程常用的热轧型钢有 H 型、T 型、工字形、槽钢、匚型和管钢等，如图 1-1 所示。

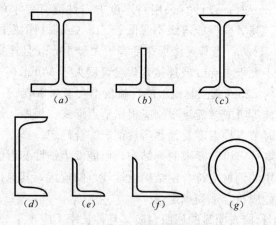

图 1-1　热轧型钢

（1）热轧 H 型钢和 T 型钢，它们是近年来我国钢结构中广泛应用的热轧型钢之一，它的国家标准为《热轧 H 型钢和剖分 T 型钢》GB/T 11263—2010。H 型钢和剖分 T 型钢的截面形状与传统的工字钢、槽钢及角钢相比是更为合理的截面，在截面面积相同的条件下 H 形截面钢所能提供的抵抗矩 W_x 要比工字形截面大 5%～10%，截面宽度方向的 I_y 要比工字形截面大 1～1.3 倍。且其内外表面平行，便于和其他构件连接，因此只需简单加工便可方便地用于柱、梁和屋架等构件。热轧 H 型钢分为宽翼缘、中翼缘和窄翼缘等三种，此外还有 H 型钢桩，其代号分别为 HW（英文 wide）、HM（英文 middle）、HN（英文 narrow）。对于宽翼缘 H 型钢 HW 翼缘的宽度 B 与其截面高度 H 一般相等，适用于制作柱；中翼缘宽度的 H 型钢 HM 截面宽度一般为截面高度的 $1/2\sim2/3$，适用于制作柱或梁；窄翼缘 H 型钢的截面宽度一般为截面高度的 $1/2\sim1/3$，适用于梁。T 型钢同样也分为宽翼缘、中翼缘和窄翼缘等三种，其代号分别为 TW、TM、TN 三类。H 型和 T 型结构钢规格标记均采用截面高度 H×截面宽度×腹板厚度 t_1×翼缘厚度 t_2。如 HW400×400×21×21 表示宽翼缘 H 型钢翼缘宽和截面高均为 400，腹板和翼缘厚度均为 21mm。用其剖分的 T 型钢为宽翼缘 TW200×400×21×21 型钢。热轧 H 型钢和 T 型钢的规格及截面特性（按 GB/T 11263—2010）的规定取用。

（2）工字型钢

工字钢型号用符号"工"表示，后面的号数代表截面高度的厘米数。普通工字钢同一号数中又分为 a、b、c 类型。如工 36a 工字钢表示 36 号 a 类普通工字钢，截面高度为 360mm，截面宽度 136mm，腹板厚度为 10.0mm，翼缘厚度为 15.8mm。同理，其他型号的工字钢可查规范附表。工字钢选用时应尽量选用腹板厚度最薄的 a 类，这是由于同型号的工字钢中 a 类重量最轻，截面惯性矩相对较大。我国工字钢最大型号为 63 号，长度 5～19m。工字钢由于宽度方向的惯性矩和回转半径比高度方向的小得多，因此，在选用时尽量让其在绕惯性矩和回转半径较大的方向承受弯矩作用。

（3）槽钢

槽钢型号用符号"["及号数表示，号数代表截面高度的厘米数，14 号以上的普通热轧槽钢分为 a、b 两类，24 号以上的槽钢分为 a、b、c 类，其腹板厚度和翼缘宽度均分别依次递增 2mm。热轧普通槽钢翼缘内表面是斜度为 1/10 斜面。它翼缘宽度比截面高度小很多，截面对弱轴垂直于翼缘的主轴惯性矩小，且弱轴方向不对称，槽钢的截面特性可查规范相关手册。热轧普通槽钢的型号以符号[截面高度×翼缘宽度×腹板厚度表示其单位为 mm，号数也表示截面高度的厘米数。如 20a 槽钢可用[200×

73×7，则该 20 号槽钢截面高度为 200mm，宽度为 73mm，腹板厚度为 7mm。我国槽钢最大型号为 40 号，长度 5～19m。

（4）角钢

角钢是由两个互相垂直的肢热轧成直角形成的，分为两肢相同的等肢角钢和两肢不相同的不等肢角钢两大类。等角钢的代号为∟肢宽×肢厚，其单位为 mm。不等肢角钢的代号为∟长肢宽×短肢宽×肢厚，单位为 mm。∟70×6 表示的是等肢角钢肢宽 70mm，肢厚 6mm；∟90×56×6 表示的是不等肢角钢长肢宽度为 90mm，短肢宽度为 56mm，肢厚 6mm。等肢角钢和不等肢角钢的截面特性可分别参见相关手册附表。

（5）管钢

管钢是现代钢结构中比较常见的型钢之一，工程中有着不可替代的作用。我国现阶段生产的管钢分为无缝钢管和焊接钢管两类。型号用"ϕ"和外径×壁厚的毫米数表示。如 $\phi235×16$ 为外径 235mm，壁厚为 16mm 的钢管。我国生产的最大无缝钢管为 $\phi1016×120$，最大焊接钢管为 $\phi2540×65$。

23. 钢结构中使用的焊条分为几类？各自的应用范围是什么？

答：钢结构中使用的焊条分为：自动焊、半自动焊和 E43×× 型焊；手工焊自动焊、半自动焊和 E50×× 型焊条的手工焊等；自动焊、半自动焊和 E55×。它们分别用于抗压、抗拉和抗弯强度、抗剪、抗拉、抗压和抗剪连接的焊缝中。

24. 防水卷材分为哪些种类？它们各自的特性有哪些？

答：防水卷材是一种具有一定宽度和厚度的能够卷曲成卷状的带状定性防水材料。根据构成防水膜层的主要原料的不同，防水卷材可以分为沥青防水卷材、高聚物改性沥青防水卷材和合成高分子防水卷材三类。其中高聚物改性沥青防水卷材和合成高分子防水卷材综合性能优越，是国内大力推广使用的新型防水卷材。

（1）沥青防水卷材

沥青防水卷材是以原纸、织物、纤维毡、塑料膜等材料为胎基，浸涂石油沥青、矿物粉料或塑料膜为隔离材料制成的防水卷材。它包括石油沥青纸胎防水卷材、沥青玻璃纤维布油毡、沥青玻璃纤维胎油毡几种类型。

沥青防水卷材重量轻、价格低廉、防水性能良好、施工方便、能适应一定的温度变化和基层伸缩变形，故多年来在工业与民用建筑的防水工程中得到广泛的应用。

（2）高聚物改性沥青防水卷材

高聚物改性沥青防水卷材是以高分子聚合物改性石油沥青为涂盖层，聚酯毡、纤维毡或聚酯纤维复合为胎基，细砂、矿物粉料或塑料膜为隔离材料制成的防水卷材。高聚物改性沥青防水卷材包括 SBS 改性沥青防水卷材、APP 改性沥青防水卷材、铝箔塑胶改性沥青防水卷材。

高聚物改性沥青防水卷材具有使用年限长、技术性能好、冷施工、操作方便、污染性低等特点，克服了传统的沥青纸胎油毡低温柔性差、延伸率低、拉伸强度及耐久性比较差等缺点，通过改善其各项技术性能，有效提高了防水质量。

（3）合成高分子防水卷材

合成高分子防水卷材以合成橡胶、合成树脂或两者共混为基料，加入适量的助剂和填料，经混淆压延或挤出等工序加工而成的防水卷材。

合成高分子防水卷材包括三元乙丙（EPDM）橡胶防水卷材、聚氯乙烯（PVC）防水卷材、聚氯乙烯—橡胶共混防水卷材等。

合成高分子防水卷材具有拉伸强度高、断裂伸长率大、抗撕裂强度高、耐热性能好、低温柔软性好、耐腐蚀、耐老化以及可以冷施工等一系列优异性能，是我国大力发展的新型高档防水卷材。

25. 防水涂料分为哪些种类？它们应具有哪些特点？

答：防水涂料按成膜物质的主要成分可分为沥青基防水涂

料、高聚物改性沥青防水涂料、合成高分子防水涂料。按液态类型可分为溶剂型、水乳型和反应型三种。按涂层厚度又可分为薄质防水涂料、厚质防水涂料。

（1）沥青基防水涂料

沥青基防水涂料是以沥青为基料配制而成的水乳型溶剂型防水涂料。水乳型防水涂料是将石油沥青分散于水中所形成的水分散体。溶剂型沥青涂料是将石油沥青直接溶解于汽油等有机溶剂后制得的溶液。沥青基防水涂料适用于Ⅲ、Ⅳ级防水等级的工业与民用建筑的屋面、混凝土地下室及卫生间的防水工程。

（2）高聚物改性沥青防水涂料

高聚物改性沥青防水涂料是以沥青为基料，用合成高分子聚合物进行改性而制成的水乳型或溶剂型防水涂料。由于高聚物的改性作用，使得改性沥青防水涂料的柔韧性、抗裂性拉伸强度、耐高低温性能、使用寿命等方面优于沥青基防水涂料。常用品种有再生橡胶沥青防水涂料、氯丁橡胶沥青防水涂料、丁基橡胶沥青防水涂料等。高聚物改性沥青防水涂料适用于Ⅱ、Ⅲ、Ⅳ级防水等级的屋面、地面、混凝土地下室和卫生间等的防水工程。

（3）合成高分子防水涂料

合成高分子防水涂料是以合成橡胶或合成树脂为主要成膜物质，加入其他辅料而配成的单组分或多组分的防水涂料。种类涂料具有高弹性、高耐久性及优良的耐高低温性能，是目前常用的高低档防水涂料。常用品种有聚氨酯防水涂料、硅橡胶防水涂料、氯磺化聚乙烯橡胶防水涂料和丙烯酸酯防水涂料等。合成高分子防水涂料适用于Ⅰ、Ⅱ、Ⅲ级防水等级的屋面、地下室、水池和卫生间的防水工程。

防水涂料应具有以下特点：

1）整体防水性好。能满足各类屋面、地面、墙面的防水工程要求。在基层表面形状复杂的情况下，如管道根部、阴阳角处等，涂刷防水涂料较易满足使用要求。

2）温度适应性强。因为防水涂料的品种多，养护选择余地大，可以满足不同地区气候的环境的需要。

3）操作方便、施工速度快。涂料可喷可涂，节点处理简单，容易操作。可冷加工，不污染环境，比较安全。

4）易于维修。当屋面发生渗漏时，不必完全铲除旧防水层，只要在渗漏部位进行局部维修或在原防水层上重做一次废水处理，就可达到防水目的。

26. 天然饰面用石材怎样分类？它们各自在什么情况下应用？

答：（1）天然大理石板材

1）天然大理石板材。建筑装饰工程上所指的天然大理石是指具有装饰功能，可以磨平、抛光的各种碳酸岩和与其有关的变质岩，如大理石、石灰岩、白云岩等。从大理石矿体开采出来的天然大理石块经锯切、磨光等加工后，称为大理石板材。

2）天然大理石板材的特性。天然大理石质地密实、抗压强度较高、吸水率低；易加工、开光性好、色调丰富、材质细腻，大多数大理石含有多种矿物，加工后保险呈现云彩状、枝条状或圆圈状的多彩花纹，形成大理石独特的天然美，极富装饰性。但是，大理石属碱性中硬性石材，在大气中受硫化物及水汽形成的酸雨长期作用，容易发生腐蚀，造成表面强度降低、变色掉粉、失去光泽，影响装饰性能。

3）天然大理石板材的应用。天然大理石是高级装饰材料，因其抗风化性能较差，一般只用于室内饰面，如墙面、地面、柱面、台面、栏杆、踏步等，由于其耐磨性较差，不宜用于人流较多的公共场所地面。少数致密、质纯的品种（汉白玉、艾叶青等）可用于室外。

（2）天然花岗石板材

1）天然花岗石板材。建筑装饰工程上所指的天然花岗石是指以花岗岩为代表的一类装饰石材，包括各类以石英、长石主要组成矿物，并含有少量云母和暗色矿物的岩浆岩和花岗质的变质岩，如花岗岩、辉绿岩、玄武岩等。

2）天然花岗石板材的特性。花岗岩经人工加工后制成品成为花岗石。花岗石属酸性硬石材，构造致密、强度高、密度大、吸水率低、质地坚硬、耐磨、耐酸、抗风化、耐久性好，使用年限长，有黑白、黄麻、灰色、黑色、红色等，品质优良的花岗岩中石英含量高，云母含量少，结晶颗粒分布均匀，纹理呈斑点状，有深浅层次，构成了该类石材的独特装饰效果。但是，花岗岩所含石英会在高温下发生晶变，体积膨胀而开裂，因此，不耐火。

3）天然花岗石板材的应用。花岗岩石材主要用于大型公共建筑要求装饰等级要求较高的室外装饰工程。粗面板和亚光面板常用于室外地面、墙面、柱面、基座、台阶等；镜面板主要用于室内外地面、墙面、柱面、基座、台阶等，特别适宜于大型公共建筑大厅的地面装饰。

（3）青石板

1）青石板。青石板是从砂岩矿体开采出来的天然砂岩块经锯切、磨光等加工而成的。

2）青石板的特性。它质地密实、强度中等、易于加工。常用的青石板的色泽为豆青色、绿豆青色和青色带灰白结晶颗粒等多种。

3）青石板的应用。它是理想的建筑装饰材料，常用于建筑墙裙、地坪铺贴以及庭院栏杆（板）、台阶石等。

27. 人造装饰石材分哪些品种？它们各自的特性及应用各是什么？

答：人造石材是以水泥或不饱和聚酯、树脂为胶黏剂，以天然大理石、花岗岩碎料或方解石、白云石、石英砂、玻璃粉等无机矿物质为骨料，加入适量的阻燃剂、稳定剂、颜料等，经过拌合、浇注、加压成型、打磨抛光以及切割等工序制成的板材。它可分为以下四类：

（1）水泥型人造石材

水泥型人造石材是以各类水泥为胶结材料，天然大理石、花岗岩碎料为粗骨料，砂为细骨料，经过搅、成型、养护、打磨抛光以及切割等工序制成。若在配制过程中加入颜料，便可制成彩色水泥石材。水磨石和各类花阶砖均属于水泥型人造石。种类人造石取材方便，价格低廉，但装饰性能差。

（2）树脂型人造石材

树脂型石材是以不饱和聚酯、树脂为胶粘剂，将天然大理石、花岗岩、方解石碎料及其他无机填充料按一定比例配合，再加入固化剂、催化剂、颜料等，经过搅拌、成型抛光等工序加工而成，如人造大理石、人造花岗岩、微晶玻璃等。这类人造石具有光泽好、色彩鲜艳丰富、可加工性强，装饰效果好的优点，是目前国内外主要使用的人造石材。

（3）复合型人造石材

复合型人造石材采用了有机和无机两种胶结材料。先用无机胶结材料（水泥或石膏）将填料粘结成型，硬化后再将所有的坯体浸渍于有机单体（如苯乙烯、甲基丙烯酸甲酯、醋酸乙烯、丙烯酸等）中，使其在一定条件下聚合而成。复合型人造石的特点是造价低，装饰效果好，但受温差影响后聚酯面容易产生剥落和开裂，耐久性差。

（4）烧结型人造石

烧结型人造石材是以长石、石英石、方解石等的石粉和赤铁粉及部分高岭土混合，用泥浆法制坯，半干法压法成型，在窑炉中高温焙烧而成。烧结型人造石材装饰性好，性能稳定。缺点是经高温焙烧能耗大，产品破碎率高，从而导致造价高。

由于人造石材的规格、形状、颜色、图案以及表面处理均可以人为控制，因此，其性能在许多方面超过天然石材。总体上说，人造石材量小、强度高、色泽均匀、耐腐蚀、耐污染、施工方便、品种多样、装饰性能、价格便宜，广泛应用于各种室内外墙面、挂面、室内地面、楼梯面板以及盥洗台面、服务台面的装饰、还可加工成浮雕、艺术品、美术装潢品和陈列品等。

28. 木材怎样分类？各类木材特性及应用有何不同？

答：建筑中常用的木材有原木、板材和枋木三类。原木是指去皮、根、树梢后按规定直径加工成一定长度的木料；板材和枋木统称为为锯材；板材是指截面宽度为厚度的 3 倍或 3 倍以上的木料；枋木是指截面宽度不足厚度 3 倍的木料。

木材的主要特性包括如下几点：

（1）力学性能好。木材的强度高，顺纹抗拉强度很高。

（2）隔声、隔热性能好。木材导热系数低、热容量大，是优质的保温材料，且对电、热的绝缘性好。木材固有的纤维结构导致其具有扩大、吸收、反射或阻隔其他物体产生声音的能力，对演奏厅、播音室等对音质要求较高的建筑中可使用木材。

（3）装饰性能好。自然天成的生长轮和木射线形成的木质独有的纹理，加上其深浅不一的颜色，使木材具有独特高贵的装饰气质。

（4）可加工性能好。木材可以锯、刨、钉，易于加工成各种形状。

（5）不耐腐蚀、不抗蛀蚀、易变形、易燃烧、有木节和斜纹理等。需要进行防腐、阻燃、塑合等处理。

在装饰工程中木材可用于门窗、顶棚、护壁板、栏杆、龙骨等。

29. 人造板的品种、特性及应用各包括哪些内容？

答：为了节约资源，改善木材性能上的不足，同时提高木材的利用率和使用年限，将木材加工中的大量边角、碎屑刨花小块等再加工，生产各种人造板材已成为综合利用的重要途径之一。与锯材相比，人造板的优点是：幅面大、结构性好、施工方便、膨胀和收缩率低、尺寸稳定，材质较锯材均匀，不易变形、开裂。人造板的缺点是：胶层会老化、长期承载力差，使用期限比锯材短得多，存在一定的有机物污染。

常用的板材有下列几种：

（1）细木工板

细木工板又称大芯板，是中间为木板条拼接，两个表面胶粘一层或两层单片板而成的实心板材。由于中间为木条拼接有缝隙，因此可降低木材变形造成的影响。细木工板有较高的强度和硬度，质轻、耐久、易加工，适用于家具制造和建筑装饰装修，是一种极有发展前景的新型木材。

（2）胶合板

胶合板是圆木按年轮旋切成薄片，经选切、干燥、涂胶后，按木材纹理综合交错，以奇数层数，经加压加工而成的人造板材。一般为3～13层，分别称为三合板、五合板等等。由于胶合板的相邻木片的纤维互相垂直，在很大程度上克服了木材的各向异性的缺点，使之具有良好的物理力学性能。胶合板具有材质均匀、强度高、幅面大、兼有木纹真实、自然的特点，被广泛用作室内护壁板、门框、面板的装修及夹具制作。

（3）纤维板

纤维板是用木材碎料（甘蔗渣等植物纤维）作原料，经切削、软化、磨浆、施胶、成型、热压等工序制成的一种人造板材。纤维板材质均匀、各项强度一致，弯曲强度较大、耐磨、不腐朽、无木节、虫眼等缺陷，具有一定的绝缘性能；其缺点是背面有网纹，造成板材两面表面积不等，吸湿后因产生膨胀力差异使板材翘曲变形；硬质板材表面坚硬，钉钉困难，耐水性差。干法纤维板虽然避免了某些缺点，但成本较高。

硬质纤维板和中密度纤维板一般用作隔墙、地面、家具等。软质纤维板质轻多孔，为个人吸声材料，且不宜用在潮湿处，其表面粘贴塑料贴面或胶合板作饰面层后可作吊顶、隔墙、家具等。

30. 铝合金装饰材料有哪些种类？各自的特性是什么？在哪些场合使用？

答：（1）铝合金分类及牌号

在铝中添加镁、锰、铜、硅、锌等合金元素形成的铝基合金称铝合金。铝合金既保持了铝的轻质特性，同时，机械性能明显提高，是典型的轻质高强材料，同时其耐腐性和低温冷脆性能得到大大改善。其主要缺点是弹性模量小、热膨胀系数大、耐热性低，焊接需要用惰性气体保护焊等焊接技术。

各种铝合金的牌号分别用汉语拼音字母和顺序号表示，顺序号不直接表示合金元素的含量。代表各种变形铝合金的汉语拼音字母如下：LF——防锈铝合金（简称防锈铝）；LY——硬铝合金（简称硬铝）；LC——超硬铝合金（简称超硬铝）；LD——锻铝合金（简称锻铝）；LT——特殊铝合金。

常用的防锈铝合金的牌号为：LF21、LF2、LF3、LF5、LF6、LF11等。常用的硬铝合金有11个牌号，LY12是硬铝的典型产品。常用的超硬铝有8各牌号，LC9是该合金应用较早、较广的产品。锻铝的典型牌号为LD30和LD31。

（2）铝合金制品

建筑装饰工程中常用的铝合金制品有：铝合金门窗、铝合金装饰板及吊顶，铝及铝合金波纹板、压型板、冲孔平板以及铝箔等。它们具有承重、耐用、装饰、保温、隔热等优良性能。为节省篇幅，这里不再一一介绍。

31. 不锈钢装饰材料有哪些种类？各自的特性是什么？在哪些场合使用？

答：当钢材中加入足够量的铬（Cr）元素时，就足以在钢的表面形成一层惰性的氧化铬膜，大大提高其耐腐蚀性，这就成为不锈钢。铬的含量越高，钢的抗腐蚀性能越好。不锈钢属于合金钢中的特殊性能钢。除铬以外，不锈钢中还含有镍、锰、钛、硅等元素，这些元素都会影响不锈钢的强度、塑性、韧性和耐腐性。建筑装饰工程中使用的不锈钢材料主要有不锈钢板、钢管和线材。其他新型不锈钢材料还有不锈钢厨卫设备、不锈钢五金配件。其表面可是无光泽的和高度抛光发亮的。如果通过化学浸渍着色处理，可得金色、蓝色、黄色、绿色等各种彩色不锈钢，既保持了不锈钢原有的优良耐腐性能，又进一步提高了其装饰效果。

（1）不锈钢装饰板材

不锈钢装饰板材按其表面不同，可以分为镜面板、磨砂板、喷砂板、蚀刻板压花板和复合板（组合板）等。彩色不锈钢板是在不锈钢板上进行技术性和艺术性加工，使其表面成为具有各种绚丽色彩的不锈钢板，能满足各种装饰要求。

不锈钢板耐火、耐潮、耐腐蚀、不会变形和破碎，安装施工方便，是一种很好的装饰材料，特别是彩色不锈钢板，因其色彩绚丽、雍容华贵、彩色面层经久不褪色，色泽会随不同光照角度不同会产生色调变幻，常被用作高档装饰板材。不锈钢板可用于高级宾馆、饭店、舞厅、会议厅、展览馆、影剧院等墙面、柱面、顶棚面、造型面以及门面、门厅等的装饰。

（2）不锈钢管材

不锈钢管材分无缝管和焊接管两大类，按断面可分为圆管和异形管。广泛应用的是圆形管，但也有一些方形管、矩形管、半圆管、六角形管、等边三角形管、八角形管等异形管。不锈钢管材一般用于门窗配件、厨房设备、卫生间配件、高档家具、楼梯扶手、栏杆等。

（3）不锈钢线材

不锈钢线材主要有角形线和槽形线两类，具有高强、耐腐、表面光洁如镜、耐水、耐磨、耐气候变化等特点。不锈钢线材的装饰效果好，属于高档装饰材料，可用于各种装饰面的压边线、收口线、柱角压线等处。

32. 常用建筑陶瓷制品有哪些种类？各自的特性是什么？在哪些场合使用？

答：陶瓷制品按其烧结程度可分为陶质、瓷质、炻质（介于陶器和瓷器之间的一种陶瓷制品，如水缸等）三大类。建筑陶瓷制品最常用的有以下几种。

（1）陶瓷砖

陶瓷砖是用于建筑物墙面、地面的陶质、炻质和瓷质的饰面砖的总称。按表面特性分为有釉砖和无釉砖两种；按成型方法分为挤压法和干压法两种；按吸水率分为低吸水率砖、中吸水率砖和高吸水率砖。

地砖大多为低吸水率砖，主要特征是硬度大、耐磨性好、胎体较厚、强度较高、耐污染性好。主要品种有各类瓷质砖、（施釉、不施釉、抛光、渗花砖等）、彩色釉面砖、红地砖、劈离砖等。其中，抛光砖是表面经过再加工的产品，装饰效果好，但耐污染性能差，因此，要选用经过表面处理的产品。其生产过程能耗高、粉尘和噪声污染严重，对土地和矿山开采会影响环境质量，不属于绿色产品。

建筑外墙砖通常要求采用吸水率小于10％的墙面砖。其表面分为无釉和有釉两种。吸水率小的可以不施釉、吸水率大的外墙砖施釉，其釉面多为亚光或无光。陶瓷外墙砖的主要品种为彩色釉面砖，选用时应根据室外气温的不同，选择不同吸水率的砖，如寒冷地区应选用低吸水率的砖。

陶质砖，主要用作卫生间、厨房、浴室等内墙的装饰与保护。陶质砖不适宜用于室外。

（2）陶瓷马赛克

陶瓷马赛克旧称"陶瓷锦砖"，分为有釉和无釉两种，系指边长不大于40mm、具有多种色彩和不同形状的小砖块镶拼组成花色图案的陶瓷制品，吸水率低。主要用于洁净车间、化验室、浴室等室内地面铺贴以及高级建筑物的外墙面装饰。

（3）琉璃制品

琉璃制品是覆有琉璃釉料的陶质器物。其常见的色彩有金黄蓝和青，主要产品有琉璃瓦、琉璃砖、琉璃兽、琉璃花窗和栏杆等。琉璃表面光滑、色彩绚丽、造型古朴、坚实耐久、富有民族特色，是我国传统的建筑装饰材料。

（4）卫生陶瓷

卫生陶瓷属细炻质制品，如洗面器、洗涤器、大便器、小便器、水箱、水槽等，主要用于浴室、盥洗室、厕所等处。

近年来墙面砖有出现了许多新产品，如渗水多孔砖、保温多孔砖、变色釉面砖、抗菌陶瓷砖和抗静电陶瓷砖。墙面砖在选用时，除满足装饰效果外，尽量选择吸水率低，尺寸稳定性好的产品。

33. 普通平板玻璃的规格和技术要求有哪些？

答：建筑玻璃是以石英砂、纯碱、长石和石灰石等为主要原料，经熔融、成型、冷却固结而成的非结晶无机材料。其主要成分是二氧化硅（SiO_2，占70%左右）。为使玻璃具有某种特性或者改善玻璃的某些性质，常在玻璃原料中加入一些辅助原料，如助熔剂、着色剂、脱色剂、乳浊剂、澄清剂、发泡剂等。

按功能可将建筑用玻璃分为普通玻璃、吸热玻璃、防水玻璃、安全玻璃、装饰玻璃、漫射玻璃、镜面玻璃、热反射玻璃、低辐射玻璃、隔热玻璃等。

普通玻璃（原片玻璃）是一种未经进一步加工的钠钙硅酸盐质平板玻璃制品。其透光率在85%～90%，是建筑工程中用量最大的玻璃。

（1）普通平板玻璃的规格

引拉法玻璃有2mm、3mm、4mm、5mm、6mm五种。

浮法玻璃有3mm、4mm、5mm、6mm、8mm、10mm、12mm七种。

引拉法生产的玻璃其长宽比不得大于2.5，其中2mm、3mm厚的玻璃不得小于400mm×300mm；4mm、5mm、6mm厚的玻璃不得小于600mm×400mm；浮法玻璃尺寸一般不小于1000mm×1200mm，但不得大于2500mm×3000mm。

（2）普通玻璃的技术要求

透光率应满足《平板玻璃》GB 11614—2009的规定。外观质量如波筋、气泡、划伤、砂粒、疙瘩、线道和麻点将其划分为优等品、一等品、合格品三个级别。浮法玻璃按外观质量如光学变形、气泡、夹杂物、划伤、线道和雾斑将其划分为优等品、一等品、合格品三个级别。

普通平板玻璃采用木箱或集装箱（架）包装，在贮存运输时，必须箱盖向上，垂直立放并需注意防潮、防雨，存放在不结雾的房间内。

34. 安全玻璃、玻璃砖各有哪些主要特性？应用情况如何？

答：（1）安全玻璃

为减少玻璃脆性，提高其强度，通过对普通玻璃进行增强处理，或与其他材料复合，或采用加入特殊成分等方法来加以改性。经过增强改性后的玻璃称为安全玻璃，常用的安全玻璃有钢化玻璃（又称强化玻璃）、夹丝玻璃和夹层玻璃。

1）钢化玻璃。钢化玻璃分为物理钢化和化学钢化两种。钢化玻璃表面层产生残余压缩应力，而使玻璃的抗折强度、抗冲击性、热稳定性大幅度提高。物理钢化玻璃破碎时形成圆滑的微粒状，有利于人身安全，用于高层建筑的门窗、幕墙、隔墙、桌面玻璃、炉门上的观察窗以及汽车风挡、电视屏幕等。

2）夹丝玻璃。这类玻璃是将平板玻璃加热到红热状态，再将预热处理的金属丝压入玻璃中而制成。它的耐冲击性和耐热性好，在外力作用和温度骤变时，破而不散且具有防火、防盗性能。夹丝玻璃适用于公共建筑的阳台、楼梯、电梯间、走廊、厂房天窗和各种采光屋顶。

3）夹层玻璃。夹层玻璃系两片或多片玻璃之间夹透明塑料薄膜，经加热、加压粘合而成。夹层玻璃有 3、5、7、9 层。9 层时成为防弹玻璃。它的抗冲击性能比平板玻璃高几倍，破碎时只产生辐射状裂纹而不分离成碎片，不致伤人。它还具有耐久、耐热、耐湿、耐寒和隔声性能好等特点，适用于有特殊要求的建筑物的门窗、隔墙、工业厂房的天窗和某些水下工程。

（2）玻璃砖

玻璃砖分为实心和空心两类。空心玻璃砖又分为单腔和双腔两种。玻璃砖的形状和尺寸有多种，砖的内外表面可制成光面和挖土花纹面，有无色透明和彩色的。形状有方形、矩形以及各种异型砖。玻璃砖具有透光不透视、保温隔声、密封性强、不透灰、不结露、能短期隔断火焰、抗压耐磨、光洁明亮、图案精美、化学稳定性强等特点。可用于透光屋面、非承重外墙、内墙、门厅、通道等浴室等隔断。特别适用于宾馆、展览馆、体育馆等高级建筑。

35. 节能玻璃、装饰玻璃各有哪些主要特性？应用情况如何？

答：（1）节能玻璃

1）吸热玻璃。这种玻璃是能吸收大量红外线辐射能并保持较高可见光透射率的玻璃。一种方法是在普通钠钙硅酸盐玻璃的原料中加入一定量有吸热性能的着色剂、如氧化铁、氧化钴以及硒等。还可以在平板玻璃表面喷镀一层或多层金属或金属氧化物镀膜制成。其颜色有灰色、茶色、蓝色、绿色、古铜色、青铜色、粉红色和金黄色等。它能吸收更多的太阳辐射热，具有防眩效果，而且可以吸收一定的紫外线。它广泛用于建筑门窗以及车、船挡风玻璃等，起隔热、防眩和装饰作用。

2）热反射玻璃。它也称为镜面玻璃，具有较高的热反射能力而且又保持良好的透光性的平板玻璃。它通过热解、真空蒸镀和阴极溅射等方法，在玻璃表面涂以金、银、铝、铬、镍和铁等金属或金属氧化物薄膜，或采用电浮法等离子交换方法，以金属离子置换玻璃表面原有的离子而形成热反射膜。热反射玻璃有金色、茶色、灰色、紫色、褐色、青色、青铜色和浅蓝色等。热反射玻璃具有良好的隔热性能，它具有还具有单向透像的作用，白天能在室内看到室外景物，而室外却看不到室内的景物。它通常用于建筑物门窗、玻璃幕墙、汽车和轮船的玻璃。

3）中空玻璃。中空玻璃是将两片或多片玻璃相互间隔12mm镶于边框中，且四周加以密封，间隔空腔中充满干燥空气或惰性气体，也可在框底放干燥剂。为了获得更好的声控、光控和隔热效果，还可充以各种漫反射光线的材料、电介质等。中空玻璃可以选用不同规格的玻璃原片厚度为 3mm、4mm、5mm、6mm，充气层厚度一般为 6mm、9mm、12mm 等。中空玻璃具有良好的绝热、隔声效果且露点低、自重轻。适用于需要采暖、空调、防止噪声和结露以及需要无直射阳光和特殊光的建筑物，如住宅、办公楼、学校、医院宾馆、旅店、恒湿恒温的实验室以及工厂的门窗、天窗和玻璃幕墙等。

（2）装饰玻璃

装饰玻璃是指用于建筑物表面装饰的玻璃制品，包括板材和砖材。主要有彩色玻璃、玻璃贴面砖、玻璃锦砖、压花玻璃、磨砂玻璃等。种类较多为节省篇幅这里从略。

36. 内墙涂料的主要品种有哪些？它们各自有什么特性？用途如何？

答：内墙涂料可分为以下几类：

（1）水溶性内墙涂料

水溶性内墙涂料有聚乙烯醇水玻璃涂料（106 涂料）及其改性聚乙烯醇甲醛水溶性涂料（803 涂料），这类涂料的耐水、耐刷洗、附着力不好，涂膜经不起雨水冲刷和冷热交替，改性聚乙烯醇甲醛水溶性涂料中残留的游离甲醛对人体、环境和施工时的劳动保护都有不利影响。

（2）合成树脂乳液内墙涂料（乳胶漆）

常用的有苯丙乳胶漆、聚醋酸乙烯乳胶漆和氯—偏共聚乳液等内墙涂料，涂膜具有耐水性、耐洗刷、耐腐蚀和耐久性好的特点是一种中档内墙涂料。

（3）溶剂型内墙涂料

溶剂型内墙涂料主要品种有过氯乙烯墙面涂料，绿化橡胶墙面涂料、丙烯酸酯墙面涂料，聚氨酯系墙面涂料。其光洁度好、易于冲洗，耐久性好，但透气性差，墙面易结露，多用于厅堂、走廊等处。

（4）内墙粉末涂料

内墙粉末涂料是以水溶性树脂或有机胶粘剂为基料，配以适当的填充料等研磨加工而成。这种涂料具有不起壳、不掉粉、价格低、使用方便等特点。加入一些功能性组分（如二氧化钛、海泡石等），还可制成具有净化空气，调湿和抗菌功能的涂料。

（5）多彩内墙涂料

多彩内墙涂料是一种内墙、顶棚装饰涂料。按其介质可分为水包油型、油包水型、油包油型和水包水型四种。常用的是水包油型。多彩内墙涂料涂层色泽丰富、富有立体感，装饰效果好；涂膜质地厚，有弹性，类似壁纸。整体感好；耐油、耐水、耐腐蚀、耐洗刷、耐久性好；具有较好的透气性。

37. 外墙涂料的主要品种有哪些？它们各自有什么特性？用途如何？

答：（1）丙烯酸乳胶漆

丙烯酸乳胶漆是由甲基丙烯酸丁酯、丙烯酸丁酯、丙烯酸乙酯，经共聚而制得的纯丙烯酸系乳液等丙烯酸单体作为成膜物质，再加入填料、颜料及其他助剂而成。它具有优良的耐热性、耐候性、耐腐蚀性、耐污染性、附着力高，保色、保光性好；但硬度、耐溶剂性等方面不尽如人意。在设计工程中广泛使用，生产占有率占外墙涂料的85％以上。

（2）聚氨酯系列外墙涂料

这种涂料是以聚氨酯树脂或聚氨酯与其他树脂复合物为主要成膜物质的优质外墙涂料。这类涂料具有良好的耐酸性、耐水性、耐老化性、耐高温下，涂膜光洁度极好，呈瓷质感。

（3）彩色砂壁状外墙涂料

这种涂料简称彩砂涂料，是以合成树脂乳液为主制成的，可用不同的施工工艺做成仿大理石、仿花岗岩等。涂料具有丰富的色彩和质感，保色性、耐水性、耐候性好，使用寿命可达 10 年以上。

(4) 水乳型合成树脂乳液外墙涂料

种类涂料是以合成树脂配以适量乳化剂、增稠剂和水通过高速搅拌分散而成的稳定乳液为主要成膜物质配制而成，主要有乙—丙酸乳胶、丙烯酸酯乳胶漆、乙丙酸乳液后模涂料等。这类涂料施工方变，可以在潮湿的基层上施工，涂膜的透气性好，不易发生火灾，环境污染少，对人体毒性小。

(5) 氟碳涂料

含有 C—F 键的涂料统称为氟碳涂料。这类涂料具有许多独特的性质，如超耐气候老化性、超耐化学腐蚀性，足以抵御褪色、起霜、龟裂、粉化、锈蚀和大气污染、环境破坏、化学侵蚀等作用。

38. 防水涂料分为哪些种类？它们应具有哪些特点？

答：防水涂料按成膜物质的主要成分可分为沥青基防水涂料、高聚物改性沥青防水涂料、合成高分子防水涂料。按液态类型可分为溶剂型、水乳型和反应型三种。按涂层厚度又可分为，薄质防水涂料、厚质防水涂料。

(1) 沥青基防水涂料

沥青基防水涂料是以沥青为基料配制而成的水乳型溶剂型防水涂料。水乳型防水涂料是将石油沥青分散于水中所形成的水分散体。溶剂型沥青涂料是将石油沥青直接溶解于汽油等有机溶剂后制得的溶液。沥青基防水涂料适用于Ⅲ、Ⅳ级防水等级的工业与民用建筑的屋面、混凝土地下室及卫生间的防水工程。

(2) 高聚物改性沥青防水涂料

高聚物改性沥青防水涂料是以沥青为基料，用合成高分子聚合物进行改性而制成的水乳型或溶剂型防水涂料。由于高聚物的改性作用，使得改性沥青防水涂料的柔韧性、抗裂性拉伸强度、耐高低温性能、使用寿命等方面优于沥青基防水涂料。常用品种有再生橡胶沥青防水涂料、氯丁橡胶沥青防水涂料、丁基橡胶沥青防水涂料等。高聚物改性沥青防水涂料适用于Ⅱ、Ⅲ、Ⅳ级防水等级的屋面、地面、混凝土地下室和卫生间等的防水工程。

（3）合成高分子防水涂料

合成高分子防水涂料是以合成橡胶或合成树脂为主要成膜物质，加入其他辅料而配成的单组分或多组分的防水涂料。种类涂料具有高弹性、高耐久性及优良的耐高低温性能，是目前常用的高低档防水涂料。常用品种有聚氨酯防水涂料、硅橡胶防水涂料、氯磺化聚乙烯橡胶防水涂料和丙烯酸酯防水涂料等。合成高分子防水涂料适用于Ⅰ、Ⅱ、Ⅲ级防水等级的屋面、地下室、水池和卫生间的防水工程。

防水涂料应具有以下特点：

1）整体防水性好。能满足各类屋面、地面、墙面的防水工程要求。在基层表面形状复杂的情况下，如管道根部、阴阳角处等，涂刷防水涂料较易满足使用要求。

2）温度适应性强。因为防水涂料的品种多，养护选择余地大，可以满足不同地区气候的环境的需要。

3）操作方便、施工速度快。涂料可喷、可涂，节点处理简单，容易操作。可冷加工，不污染环境，比较安全。

4）易于维修。当屋面发生渗漏时，不必完全铲除旧防水层，只要在渗漏部位进行局部维修或在原防水层上重做一次废水处理，就可达到防水目的。

39. 地面涂料的主要品种有哪些？它们各自有什么特性？用途如何？

答：地面涂料主要有聚氨酯地面涂料、环氧树脂厚质地面涂料、环氧树脂自流平地面涂料、聚醋酸乙酯地面涂料、过氧乙烯地面涂料等品种。它们具有优良的耐磨性、耐碱性、耐水性和抗冲击性。地面涂料的主要功能是装饰与保护室内地面，使地面清洁美观、与室内墙面及其他装饰相适应。

40. 建筑装饰塑料制品的主要品种有哪些？它们各自有什么特性？各自的用途是什么？

答：建筑装饰塑料制品的主要品种主要包括如下几种：

(1) 塑料壁纸和壁布

塑料壁纸和壁布是以一定材料为基材，在其表面涂塑后再经过印花、压花或发泡处理等多种工艺而制成的一种墙面、顶棚装饰材料。它具有装饰效果好、性能优越、适合大规模生产、粘贴方便、使用寿命长、抗裂性能好、易于清洗、对酸碱有较强的抵抗能力等特点。

(2) 塑料装饰板

塑料装饰板是以树脂材料为基材或浸渍材料，经一定工艺制成的有装饰功能的板材。装饰板具有轻质、高强、隔声、透光、防火、可弯曲、安装方便等特点，不仅可替代木材、钢材等，还可以改善建筑功能、美化环境，满足现代建筑装饰的需求。它的特性是使用寿命比油漆延长 4～5 倍、保养简单、易于保洁、保护费用低。它生产工艺简单、加工成型方便，劳动生产率高，创造价值较大。它包括硬质 PVC 装饰板、塑料贴面板、塑料金属复合板（钢塑复合板、铝塑复合板）等。

(3) 塑料地板

塑料地板可以粘贴在如混凝土或木材等基层上，构成饰面层。它具有轻质、尺寸稳定、施工方便、经久耐用、脚感舒适、色泽艳丽美观、耐磨、耐油、耐腐蚀、防火、隔声及隔热等优点。

(4) 树脂印花胶合板

树脂印花胶合板使用合成树脂处理后的木质片材，表面印成木纹花纹，经浸渍树脂。热压成型而成。其耐水防潮性、刚性、耐磨性能优良，比天然木地板具有更好的质感和外观，施工方便。

（5）塑料门窗型材

塑料门窗一般采用聚氯乙烯（PVC）塑料，它是在 PVC 塑料中空异形材内安装金属衬筋，采用热焊接和机械连接制成。塑钢门窗具有良好的隔热性、气密性、耐候性、耐腐蚀性，有明显的节能效果，而且不必油漆、可加工性能好。

41. 什么是建筑节能？建筑节能包括哪些内容？

答：建筑节能是指在建筑材料生产、屋面建筑和构筑物施工及使用过程中，合理使用能源，尽可能降低能耗的一系列活动过程的总称。建筑节能范围和技术内容非常广泛，主要范围包括：

（1）墙体、屋面、地面、隔热保温技术及产品。

（2）具有建筑节能效果的门、窗、幕墙、遮阳及其他附属部件。

（3）太阳能、地热（冷）或其他生物质能等在建筑节能工程中的应用技术及产品。

（4）提高供暖通风效能的节电体系与产品。

（5）供暖、通风与空气调节、空调与供暖系统的冷热源处理。

（6）利用工业废物生产的节能建筑材料或部件。

（7）配电与照明、监测与控制节能技术及产品。

（8）其他建筑节能技术和产品等。

42. 常用建筑节能材料种类有哪些？它们的特点有哪些？

答：（1）建筑绝热材料

绝热材料（保温、隔热材料）是指对热流具有明显阻抗性的材料或材料复合体。绝热制品（保温、隔热制品）是指将绝热材料加工成至少有一个面与被覆盖表面形状一致的各种绝热制品。绝热材料包括岩棉及制品、矿渣棉及其制品、玻璃棉及其制品、膨胀珍珠岩及其制品、膨胀蛭石及其制品、泡沫塑料、微孔硅酸钙制品、泡沫石棉、铝箔波形纸保温隔热板等。

绝热材料具有表观密度小、多孔、疏松、导热系数小的特点。

（2）建筑节能墙体材料

建筑节能墙体材料主要包括蒸压加气混凝土砌块、混凝土小型空心砌块、陶粒空心砌块、多孔砖、多功能复合材料墙体砌块等。

建筑节能墙体材料与传统墙体材料相比具有密度小、孔洞率高、自重轻、砌筑工效高、隔热保温性能好等。

（3）节能门窗和节能玻璃

目前我国市场的节能门窗有 PVC 门窗、流塑复合门窗、铝合金门窗、玻璃钢门窗。节能玻璃包括中空玻璃、真空玻璃和镀膜玻璃等。

节能门窗和节能玻璃的主要优点是隔热保温性能良好、密封性能好。

第三节　施工图识读、绘制的基本知识

1. 房屋建筑施工图由哪些部分组成？它的作用包括哪些？

答：（1）建筑设计说明；

（2）各楼层平面布置图；

（3）屋面排水示意图、屋顶间平面布置图及屋面构造图；

（4）外纵墙面及山墙面示意图；

（5）内墙构造详图；

（6）楼梯间、电梯间构造详图；

（7）楼地面构造图；

（8）卫生间、盥洗室平面布置图、墙体及防水构造详图；

（9）消防系统图等。

建筑施工图的主要作用包括：

（1）确定建筑物在建设场地内的平面位置；

（2）确定各功能分区及其布置；

（3）为项目报批、项目招投标提供基础性参考依据；

（4）指导工程施工，为其他专业的施工提供前提和基础；

（5）是项目结算的重要依据；

（6）是项目后期维修保养的基础性参考依据。

2. 房屋建筑施工图的图示特点有哪些？

答：房屋建筑施工图的图示特点包括：

（1）直观性强；

（2）指导性强；

（3）生动、美观；

（4）具体、实用性强；

（5）内容丰富；

（6）指导性和统领性强；

（7）规范化和标准化程度高。

3. 建筑施工图的图示方法及内容各有哪些？

答：建筑施工图的图示方法主要包括：

（1）文字说明；

（2）平面图；

（3）立面图；

（4）剖面图，有必要时加附透视图；

（5）表列汇总等。

建筑施工图的图示内容主要包括：

（1）房屋平面尺寸及其各功能分区的尺寸及面积；

（2）各组成部分的详细构造要求；

（3）各组成部分所用材料的限定；

（4）建筑重要性分级及防火等级的确定；

（5）协调结构、水、电、暖、卫和设备安装的有关规定等。

4. 结构施工图的图示方法及内容各有哪些？

答：结构施工图是表示房屋承重受各种作用的受力体系中各

个构件之间相互关系、构件自身信息的设计文件，它包括下部结构的地基基础施工图、上部主体结构中承受作用的墙体、柱、板、梁或屋架等的施工图纸。

结构施工图包括结构设计说明、结构平面图以及结构详图，它们是结构图整体中联系紧密、相互补充、相互关联、相辅相成的三部分。

（1）结构设计总说明。结构设计说明是对结构设计文件全面、概括性的文字说明，包括结构设计依据，适用的规范、规程、标准图集等，结构重要性等级、抗震设防烈度、场地土的类别及工程特性、基础类型、结构类型、选用的主要工程材料、施工注意事项等。

（2）结构平面布置图。结构平面布置图是表示房屋结构中各种结构构件总体平面布置的图样，包括以下三种：

1）基础平面图。基础平面图反映基础在建设场地上的布置，标高、基坑和桩孔尺寸、地下管沟的走向、坡度、出口，地基处理和基础细部设计，以及地基和上部结构的衔接关系的内容。如果是工业建筑还应包括设备基础图。

2）楼层结构布置图。包括底层、标准层结构布置图，主要内容包括各楼层结构构件的组成、连接关系、材料选型、配筋、构造做法，特殊情况下还有施工工艺及顺序等要求的说明等。对于工业厂房，还应包括纵向柱列、横向柱列的确定、吊车梁、连系梁、必要时设置的圈梁，柱间支撑，山墙抗风柱等的设置。

3）屋顶结构布置图。包括屋面梁、板、挑檐、圈梁等的设置、材料选用、配筋及构造要求；工业建筑包括屋架、屋面板、屋面支撑系统、天沟板、天窗架、天窗屋面板、天窗支撑系统的选型、布置和细部构造要求。

（3）细部构造详图。一般构造详图是和平面结构布置图一起绘制和编排的。主要反映基础、梁、板、柱、楼梯、屋架、支撑等的细部构造做法和适用的材料，特殊情况下包括施工工艺和施工环境条件要求等内容。

5. 混凝土结构平法施工图有哪些特点？

答：钢筋混凝土结构施工图平面整体表示法（以下简称平法），并编制了用平法表示的系列结构施工图集，经进一步完善已经在工程实践中得到普及使用，大大降低了设计者重复劳动所花费无效益的时间，使施工图设计工作焕然一新。平法的普及也极大地方便了施工技术人员的工作，通过明了、简捷、易懂的图纸使原来易于出错、易于产生漏洞、含混不清的环节得以补救，提高了施工质量和效益。同时，平法标准图集的问世在推动建筑行业规范化、标准化起到积极的示范和带头作用。在减轻设计者劳动强度、提高设计质量，节约能源和资源方面具有非常重要的意义。概括起来说，钢筋混凝土结构平法结构施工图的特点如下：

（1）标准化程度高，直观性强。

（2）降低设计时的劳动强度、提高工作效率。

（3）减少出图量，节约图纸量与传统设计法相比在 60％～80％，符合环保和可持续发展的模式。

（4）减少了错、漏、碰、缺现象，校对方便、出错易改；易于读识、方便施工、提高了工效。

6. 在钢筋混凝土框架结构中板块集中标注包括哪些内容？

答：板块集中标注就是将板的编号、厚度、X 和 Y 两个方向的配筋等信息在板中央集中表示的方法。标注内容板块编号、板厚、双向贯通筋及板顶面高差。对于普通楼（屋）面板两向均单独看作为一跨作为一个板块；对于密肋楼（屋）面板，两方向主梁（框架梁）均以一跨作为一个板块（非主梁的密肋次梁不视为一跨）。需要注明板的类型代号和序号，例如楼面板 4，标注时写为 LB4；屋面板 2，标注时写为 WB2；延伸悬挑板 1，标注时写为 YXB1，纯悬挑板 6，标注时写为 XB6 等。构造上应注意延伸悬挑板的上部受力钢筋应与相邻跨内板的上部纵向钢筋连通配置。板厚用 $h=\times\times\times$ 表示，单位为 mm，一般省略不写；当悬挑板端和板根部厚度不一致时，注写时在等号后先写根部厚度，加注斜线后写板端的厚度，即 $h=\times\times\times/\times\times\times$。如图中已经明确了板厚可以不予标注。贯通纵筋按板块的下部和上部分别标注，板块上部没有贯通筋时可不标注。板的下部贯通筋用 B 表示，上部贯通筋用 T 表示，B & T 代表下部与上部均配有同一类型的贯通筋；X 方向的贯通筋用 X 打头，Y 方向的贯通筋用 Y 打头，双向均设贯通筋时用 $X\&Y$ 打头。

单向板中垂直于受力方向的贯通的分布钢筋设计中一般不标注，在图中统一标注即可。

板面标高高差是指相对于结构层楼面标高的高差，楼板结构层有高差时需要标注清楚，并将其写在括号内。

7. 在钢筋混凝土框架结构中板支座原位标注包括哪些内容？

答：板支座原位标注的内容主要包括板支座上部非贯通纵筋和纯悬挑板上部受力钢筋。

板支座原位标注的钢筋一般标注在配置相同钢筋的第一跨内，当在两悬挑部位单独配置时就在两跨的原位分别标注。在配置相同钢筋的第一跨或悬挑部位，用垂直于板支座一段适宜长度的中粗实线表示，当该钢筋通常设置在悬挑板上部或短跨上部时，该中粗实线应至对边或贯通短跨；用上述中粗实线代表支座上部非贯通筋，并在线段上方注写钢筋编号，配筋值，括号内注写横向连系布置的跨数（$\times\times$），如果只有一跨可不注写；（$\times\times A$）代表该支座上部横向贯通筋在横向贯通的跨数和一段布置到了梁的悬挑端；（$\times\times B$）代表该横向贯通的跨数和两端布置到了梁的悬挑端。

板支座上部非贯通钢筋伸入左右两侧跨内长度相同时只在一侧表示该钢筋的中粗线的下方标写伸入长度即可，如果伸入两侧长度不同则要分别标写清楚。板的上部非贯通钢筋和纯悬挑板上部的受力钢筋一般仅在一个部位注写，对于其他相同的非贯通钢筋，则仅在代表钢筋的线段上部注写编号及横向连续布置的跨数即可。对于弧形支座上部配置的放射状的非贯通筋，设计时应标明配筋间距的度量位置并加注"放射分布"字样。

8. 在钢筋混凝土框架结构中柱的列表标注包括哪些内容？

答：柱列表注写方式是指在柱平面布置图上，在编号相同的柱中选择一个或几个截面标注该柱的几何参数代号；在柱表中注写柱号，柱段的起止标高，几何尺寸和柱的配筋，并配以柱纵筋及箍筋类型图的方式来表示柱平法施工图。在结构设计时，柱表注写的内容主要包括：柱编号、柱的起止标高、柱几何尺寸和对轴线的偏心、柱纵筋、柱箍筋等主要内容。

（1）柱编号

柱的编号由类型代号和序号两部分组成，类型代号表示的是柱的类型，例如框架柱类型代号为 KZ，框支柱类型代号为 KZZ，芯柱的类型代号为 XZ，梁上柱类型代号为 LZ，剪力墙上柱类型代号为 QZ。由此可见柱的类型代号也是其名称汉语拼音字母的大写。序号是设计者依据自己习惯或设计顺序给每类柱所编的排序号，一般用小写阿拉伯数字表示，编号时，当柱的总高、分段截面尺寸和配筋都对应相同，但是柱分段截面与轴线的关系不同时，可以将这些柱编成相同的编号。

（2）柱的起止标高

① 各段起止标高的确定：各个柱段的分界线是自柱根部向上开始，钢筋没有改变到第一次变截面处的位置，或从该段底部算起柱内所配纵筋发生改变处截面作为分段界限分别标注。

② 柱根部标高：框架柱（KZ）和框支柱（KZZ）的根部标高为基础顶面标高；芯柱（XZ）的根部标高是指根据实际需要确定的起始位置标高；梁上柱（LZ）的根部标高为梁的顶面标高；剪力墙上的柱的根部标高分两种情况：一是当柱纵筋锚固在墙顶时，柱根部标高为剪力墙顶面标高；当柱与剪力墙重叠一起

时，柱根部标高为剪力墙顶面往下一层的结构楼面标高。

（3）柱几何尺寸和对轴线的偏心

①矩形柱：矩形柱的注写截面尺寸 $b \times h$ 及与轴线的几何参数代号 b_1、b_2 和 h_1、h_2 的具体数值，一般对应于各段柱分别标注。其中 $b = b_1 + b_2$，$h = h_1 + h_2$。当柱截面的某一侧收缩至与柱轴线重合时，对应的几何参数 b_1、b_2 和 h_1、h_2 对应的值就为 0；当其中某一侧收缩到柱轴线另一侧时该对应的参数变为负值。

②圆柱：柱表中 $b \times h$ 改为在圆柱直径数字之前加 d 表示。设计中为了使表达的更简单，圆柱形截面与轴线的关系用 b_1、b_2 和 h_1、h_2 表示，即 $d = b_1 + b_2 = h_1 + h_2$。

（4）柱内纵筋

当柱纵筋直径相同、各边根数也相同时，将纵筋注写在"全部纵筋"一栏中，除此之外，纵筋分为角筋、截面 b 边中部筋和 h 边中部钢筋三类，要分别注写。对于对称配筋截面柱只需要注写一侧的中部筋，对称边可以省略。

（5）柱箍筋类型号

对于箍筋宜采用列表注写法，在柱表中按图选择性相应的柱截面形状及箍筋类型号，并注写在表中。

（6）柱箍筋

包括箍筋的级别、直径和间距。在具有抗震设防的柱上下端箍筋加密区与柱中部非加密区长度范围内箍筋的不同间距，注写时用斜线符号"/"加以区分，斜线前是加密区的箍筋间距，斜线后为非加密区箍筋的间距。箍筋沿柱高间距不变时不需要斜线。例如，某柱箍筋注写为 Φ 10@100/200，表示箍筋采用的是 HPB300 级钢筋，箍筋直径为 10mm，柱端加密区箍筋加密区箍筋间距 100mm，非加密区箍筋间距为 200mm。

当柱截面为圆形时，采用螺旋箍筋时，在钢筋前加"L"。例如，某柱箍筋标注为 LΦ 10@100/200，表示该柱采用螺旋箍筋，箍筋为 HPB300 级钢筋，为 Φ 10mm，加密区间距 100mm，非加密区间距为 200mm。抗震设防时的柱端钢筋加密区的长度根据《建筑抗震设计规范》GB 50011—2010 的规定，参照标准构造详图，在几种不同要求的长度中取最大值。

9. 在钢筋混凝土框架结构中柱的截面标注包括哪些内容？

答：在施工图设计时，在各标准层绘制的柱平面布置图的柱截面上，分别在相同编号的柱中选择一个截面，将截面尺寸和配筋数值直接标注在选定的截面上的方式，称为柱截面注写方式。采用柱截面注写法绘制柱平法施工图时应注意以下事项：

（1）当柱的分段截面尺寸和配筋均相同，仅分段截面与轴线的关系即柱偏心情况不同时，这些柱采用相同的编号。但需要在未画配筋的截面上注写该柱截面与轴线关系的具体尺寸。

（2）按平法绘制施工图时，从相同编号的柱中选择一个截面，按需要的比例原位放大绘制柱截面配筋图，并在各配筋图上柱编号的后面注写截面尺寸 $b \times h$、全部纵筋（全部纵筋为同一直径）、角筋、箍筋的具体数值，另外在柱截面配筋图上标注柱截面与轴线关系 b_1、b_2、h_1、h_2 的具体数值。

（3）当柱纵筋采用两种直径时，将截面各边中部纵筋的具体数值注写在截面的侧边；当矩形截面柱采用对称配筋时，仅在柱截面一侧注写中部纵筋，对称边则不注写。

10. 在框架结构中梁的集中标注包括哪些方法？

答：梁的集中标注方式是指在梁平面布置图上，分别在不同编号的梁中各选一根，将截面尺寸和配筋的具体数值集中标注在该梁上，以此来表达梁平面的整体配筋的方法。例如，图 1-2 中Ｅ轴线的框架柱，将梁的共有信息采用集中标注的方法标注在①-②轴线间梁段的上部。

梁集中标注各符号代表的含义如图 1-3 所示。

梁的集中标注表达梁的通用数值，它包括 5 项必注值和一项选注值。标注值包括梁的编号、梁的截面尺寸、梁箍筋、梁上部通长筋或架立筋、梁侧面纵向构造钢筋或受扭钢筋的配置；选注

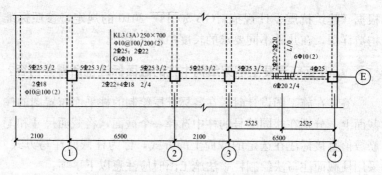

图 1-2　梁的集中与原位标注

第一行符号：

KL　3　（3A）　250×700

梁的类型代号为框架梁

序号为3的梁

梁跨数3，一端有悬臂

梁截面 $b×h=250×700$

第二行符号：

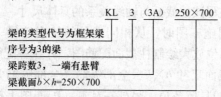

Φ10　@100/200　（2）

箍筋为HPB300级，直径为10

加密区间距为100，非加密区间距为200

箍筋为双肢箍

第三行符号：

2Φ25；2Φ22

梁上部贯通筋为2根直径
为25的HRB335级钢筋

梁下部贯通筋为2根直径
为22的HRB335级钢筋

第四行符号：

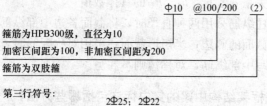

G　4Φ10

梁侧钢筋为构造钢筋

构造钢筋为4根直径为10的HPB300级钢筋

图 1-3　梁集中标注各符号代表的含义

值为梁顶面标高高差。

（1）梁编号

梁编号由梁类型代号、序号、跨数及有无悬挑几项组成。

（2）梁截面尺寸

等截面梁用 $b \times h$ 表示；加腋梁用 $b \times h\mathrm{Y}C_1 \times C_2$ 表示，其中 C_1 为腋长，C_2 为腋高，如图 1-4 所示。但在多跨梁的集中标注已经注明加腋，但其中某跨的根部不需要加腋时，则通过在该跨原位标注等截面的 $b \times h$ 来修正集中标注的加腋信息。悬挑梁根部和端部的截面高度不同时，用斜线分隔根部与端部的高度数值，即 $b \times h_1/h_2$，其中 h_1 是板根部厚度，h_2 是板端部厚度，如图 1-4 所示。悬挑梁不等高截面尺寸注写方法如图 1-5 所示。

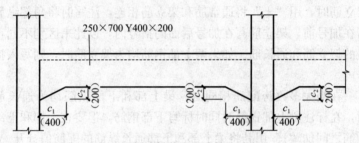

图 1-4　加腋梁截面尺寸及注写方法

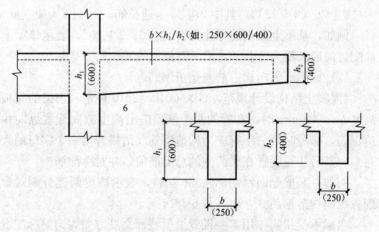

图 1-5　悬挑梁不等高截面尺寸注写方法

（3）梁箍筋

梁箍筋需标注包括钢筋级别、直径、加密区与非加密区间距及箍筋肢数，箍筋肢数写在标注数值最后的括号内。梁箍筋加密区与非加密区的不同间距及肢数用斜线"/"分隔，写在斜线前面的数值是加密区箍筋的间距，写在斜线后的数值是非加密区箍筋的间距。梁上箍筋间距没有变化时不用斜线分隔。当加密区箍筋肢数相同时，则将箍筋肢数注写一次。

（4）梁上通长筋或架立筋

梁上通长钢筋是根据梁受力以及构造要求配置的，架立筋是根据箍筋肢数和构造要求配置的。当同排纵筋中既有通长筋也有架立筋时，用"＋"将通常筋和架立筋相连，注写时将角部纵筋写在加号前，架立筋写在加号后面的括号内，以此来区别不同直径的架立筋和通长筋。如果两上部钢筋均为架立筋时，则写入括号内。

在当大多数跨配筋相同时，梁上部和下部纵筋均为通长筋时，在标注梁上部钢筋时同时标写下部钢筋，但要在上部和下部钢筋之间加"；"用其将梁上部和下部通长纵筋的配筋值分开。

例如，某梁上部钢筋标注 2Φ20，表示用于双肢箍；若标注为"2Φ20（2Φ12）"，其中 2Φ20 为通长筋，2Φ12 为架立筋。

例如，某梁上部钢筋标注为"2Φ25；2Φ20"，表示该梁上部配置的通长筋为 2Φ25，梁下部配置的通长筋为 2Φ20。

（5）梁侧面纵向构造筋或受扭钢筋

《混凝土结构设计规范》GB 50010—2010 规定，当梁的腹板高度 $h_w \geq 450mm$ 时，在梁的两个侧面应沿高度方向配置纵向构造钢筋，标写时第一字符应为构造钢筋汉语拼音第一个字母的大写 G，其后注写设置在梁两侧的总配筋值，并对称配筋。

例如，某梁侧向钢筋标注 G6Φ14，表示该梁两侧分别对称配置纵向构造钢筋 3Φ14，共 6Φ14。

当梁承受扭矩作用需要设置沿梁截面高度方向均匀对称配置的抗扭纵筋时，标注时第一个字符为扭转的扭字汉语拼音的第一个字母的大写"N"，其后标写配置在梁两侧的抗扭纵筋的总配筋值，并对称配置。

例如，某梁侧向钢筋标注 N6⊕22，表示该梁的两侧配置分别 3⊕22 纵向受扭箍筋，共配置 6⊕22。

（6）梁顶顶面标高高差。梁顶顶面标高小在同一高度时，对于结构夹层的梁，则是指相对于结构夹层楼面标高的高差。有高差时，将此项高差标注在括号内，没有高差则不标注，梁顶面高于结构层的楼面标高，则标高高差为正值，反之为负值。

11. 在框架结构中梁的原位标注包括哪些方法？

答：这种标注方法主要用于梁支座上部和下部纵筋。顾名思义就是将梁支座上部的和下部的纵向配置的钢筋标注在梁支座部位的平法标注方法。

（1）梁支座上部纵筋

梁支座上部纵筋包括用通长配置的纵筋和梁上部单独配置的抵抗负弯矩的纵筋，以及为截面抗剪设置的弯起筋的水平段等。

1）当梁的上部纵筋多于一排时，用斜线"/"线将各排纵筋自上而下隔开，斜线前表示上排钢筋，斜线后表示下排钢筋。例如，图 1-2 中 KL3 在①轴支座处，计算要求梁上部布置 5⊕25 纵筋，按构造要求钢筋需要配置成上下两排，原位标注为 5⊕25 3/2，表示上一排纵筋为 3⊕25 的 HRB335 级钢筋，下一排为 2⊕25 的 HRB335 级钢筋。

2）当梁的上部和下部同排纵筋直径在两种以上时，在注写时用"＋"号将两种及以上钢筋连在一起，角部钢筋写在前边。例如，图 1-2 中 L10 在⑤轴支座处，梁上部纵筋注写为 2⊕22＋1⊕20，表示此支座处梁上部有 3 根纵筋，其中角部纵筋为 2⊕22，中间一根为 1⊕20。

3）当梁中间支座两边的上部纵筋不同时，须在支座两边分别标注；梁支座两边配筋相同时，可仅在支座一边标注配筋即可。

4）当梁上部纵筋跨越短跨时，仅将配筋值标注在短跨梁上部中间位置。例如，图 1-2 中 KL3 在②轴与③轴间梁上部注写 5⊕25 3/2，表示②轴和③轴支座梁上部纵筋贯穿该跨。

（2）梁支座下部纵筋

梁支座下部纵向钢筋原位标注方法包括如下规定。

1) 当梁的下部纵筋多于一排时，用斜线"/"将各排纵筋自上而下隔开，斜线前表示上排钢筋，斜线后表示下排钢筋。例如，图 1-2 中 KL3 在③轴和④轴间梁的下部，计算需要配置 6Φ20 的纵筋，按构造要求需要配置成两排，故原位标注为 6Φ20 2/4，表示上一排纵筋为 2B20 的 HRB335 级钢筋，下一排为 4Φ20 的 HRB335 级钢筋。

2) 当梁的下部同排纵筋有两种以直径以上时，在注写时用"+"号将两种及以上钢筋连在一起，角部钢筋写在前边。例如，图 1-2 中 KL3 在①轴和②间梁下部，据算需要配置 2Φ22＋4Φ18 纵筋，表示此梁下部共有 6 根钢筋，其中上排筋为 2Φ18，下排角部纵筋 2Φ22，下排中部钢筋为 2Φ18。

3) 当梁下部纵筋不全部伸入支座时，将梁支座下部纵筋减少的数量写在括号内。例如，某根梁的下部纵筋标注为 2Φ22＋2Φ18（－2）/5Φ22，表示上排纵筋为 2Φ22 和 2Φ18，其中 2Φ18 不伸入支座；下一排纵筋为 5Φ22，并且全部深入支座。

4) 当梁的集中标注中已按规定分别标写了梁上部和下部均为通长的纵筋时，则不需要在梁下部重复作原位标注。

（3）附加箍筋和吊筋

当主次梁相交时由次梁传给主梁的荷载有可能引起主梁下部被压坏时，在设计时在主次梁相交处一般设置有附加箍筋或吊筋，可将附加箍筋或吊筋直接画在主梁上，用细实线引注总配筋值。例如，图 1-1 中的 L10③轴和④轴间跨中 6Φ10（2），表示在轴支座处需配置 6 根附加箍筋（双肢箍），L10 的两侧各 3 根，箍筋间距按标准构造取用，一般为 50mm。在一份图纸上，绝大多数附加箍筋和吊筋相同时，可在两平法施工图上统一注明，少数与统一注明不同时，再进行原位标注。

（4）例外情况

当梁上集中标注的内容不适于某跨或某悬挑部分时，则将其不同数值原位标注在该跨或悬挑部分，施工时按原位标注的数值取用。其中梁上集中标注的内容一般包括梁截面尺寸、箍筋、上部通长筋或架立筋，梁两侧纵向构造筋或受扭纵筋，以及梁顶面标高高差中的某一项或几项数值。例如，图 1-2 中①轴左侧梁悬挑部分，上部注写的 5Φ25，表示悬挑部分上部纵筋与①轴支座右侧梁上部纵筋相同；下部注写 2Φ18 表示悬挑部分下部纵筋为 2Φ18 的 HRB335 级钢筋。Φ10@100(2)表示悬挑部分的箍筋通长为直径 10mm，间距 100mm 的双肢箍。

梁截面注写方式是指在分标准层绘制的梁平面布置图上，分别在不同编号的梁中各选一根梁用剖面符号标出配筋图，并在其上注写截面尺寸和配筋具体数值的表示方式，如图 1-6 所示。

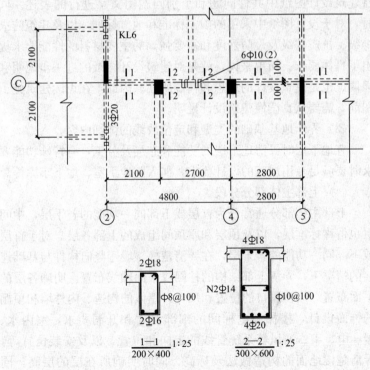

图 1-6　梁截面注写法

73

12. 建筑施工图的识读方法与步骤各有哪些内容?

答:建筑施工图识读方法与步骤包括如下内容:

(1) 宏观了解建筑施工图。

读懂设计总说明和建筑设计说明,对其建筑平面布置、立面布置、建筑功能以及功能划分、柱网尺寸、层高有一个基本掌握,对有地下层的建筑弄懂地下层的功能、平面尺寸和层高,了解基础的基本类型。对墙体材料和墙面保温及饰面材料有一个基本了解。同时,了解房屋其他专业设计图纸和说明。

(2) 认真研读和弄懂建筑设计说明。

建筑设计说明是对本工程建筑设计的概括性的总说明,也是将建筑设计图纸中共性问题和个别问题用文字进行的表述。同时,对于设计图纸中采用的国家标准和地方标准,以及建筑防火等级、抗震等级及设防烈度和需要强调的主要材料的性能要求提出了具体要求。简单来说,就是对建筑设计图纸的进一步说明和强调,也是建筑设计的思想和精髓所在。因此,在识读建筑施工图前,需要认真读懂建筑设计说明。

(3) 弄懂地基基础的类型和定位放线的详细内容。

有地下层时弄清地下层的功能和布局及分工,有特殊功能要求时要满足专用规范的设计要求,如人防地下室、地下车库等。

(4) 上部主体部分分段。

上部主体部分通常分为首层或下部同一功能的若干层,中间层也俗称标准层,以及顶层和屋顶间组成的上部各层。对于首层或下部同一功能的若干层,在弄清楚柱、墙等竖向构件与基础连接的情况下,弄清上部结构的柱网或平面轴线布置。明确各层的平面布置、门窗洞口的位置和尺寸、墙体的构造、内外墙和顶棚的饰面设计,楼梯和电梯间的细部尺寸和开洞要求,室内水、暖、电、卫、通风等系统管线的走向和位置,以及安装位置等,弄清楚楼地面的构造做法及标高,同时明确所在层的层高。同时,注意与结构图、安装图相配合。

（5）标准层和顶层及屋顶间内部的建筑图识读与首层大致相同，这里不再赘述。

（6）应读懂屋面部分的防水和隔热保温层的施工图和屋面排水系统图、屋顶避雷装置图、外墙面的隔热保温层施工图及设计要求等。电梯间、消防水箱间或生活用水的水箱间的建筑图及其与水箱安装系统图等之间的关系。

13. 结构施工图的识读方法与步骤各有哪些内容？

答：结构施工图反映了建筑物中结构组成和各构件之间的相互关系，对各构件而言，它反映了其组成材料的强度等级、截面尺寸、构件截面内各种钢筋的配筋值及相关的构造要求。识读结构施工图的步骤如下：

（1）宏观了解建筑施工图。

读懂设计总说明和建筑设计说明，对其建筑平面布置、立面布置、建筑功能以及功能划分、柱网尺寸、层高有一个基本掌握，对有地下层的建筑弄懂地下层的功能、平面尺寸和层高，了解基础的基本类型。对墙体材料和墙面保温及饰面材料有一个基本的了解。同时，了解房屋其他专业设计图纸和说明。

（2）认真研读和弄懂结构设计说明。

结构设计说明是对本工程结构设计的概括性的总说明，也是将结构设计图纸中共性问题和个别问题用文字进行的表述。同时，对于设计图纸中采用的国家标准和地方标准，以及结构重要性等级、抗震等级及设防烈度和需要强调的主要材料的强度等级和性能要求提出了具体要求。简单来说，就是对结构设计图纸的进一步说明和强调。这也是结构设计的思想和灵魂所在。因此，在识读结构施工图前，需要认真读懂结构设计说明。

（3）认真研读地质勘探资料。

地勘资料是地勘成果的汇总，它比较清楚地反映了结构下部的工程地质和水位地质详细情况，是进行基础施工必须掌握的内容。

（4）首先接触和需要看懂地基和基础图。

地基和基础图是房屋建筑最先施工的部分，在地基和基础施工前应首先对地基和基础施工的设计要求和设计图纸真正研读，弄清楚基础平面轴线的布置和基础梁底面和顶面标高位置，弄清楚地基和基础主要结构及构造要求、施工工艺和施工顺序，为进行地基基础施工做好准备。

（5）标准层的结构施工图的识读。

主体结构通常分为首层或下部同一功能的若干层，中间层也俗称标准层，以及顶层和屋顶间组成的上部各层。对于首层或下部同一功能的若干层，在弄清楚柱、墙等竖向构件与基础连接的情况下，弄清上部结构的柱网或平面轴线布置。明确各结构构件的定位、尺寸、配筋，以及与本层相连的其他构件的相互关系，明确所在层的层高。按照梁、板、柱和墙的平法识图规则读识各自的结构上施工图。弄清楚电梯间和楼梯间与主体结构之间的关系。

（6）顶层及屋顶间的结构图识读与首层相同，这里不再赘述。

14. 装饰施工图的组成与作用各有哪些？

答：（1）装饰施工图的组成

1）图纸目录；

2）装饰装修工艺说明；

3）装饰平面布置图；

4）地面铺装图

5）顶棚平面图；

6）装饰立面图；

7）效果图；

8）装饰详图也称为大样图；

9）主材表。

（2）装饰施工图的作用

1）图纸目录的主要作用，一是显示该套图所包含的全部图纸和文字资料；二是显示各图纸所在的页次顺序；三是便于使用者快捷查找。

2）装饰装修工艺说明用以表达图样中未能详细标明或图样不易标明的内容。

3）装饰平面布置图主要作用是表明建筑室内外各种装饰布置的平面形状、位置、大小关系和所用材料；表明这些布置图与建筑结构主体之间，以及各种布置之间的相互关系等。

4）地面铺装图主要是表明建筑室内外各种地面的造型、色彩、位置、大小、高度图案和地面所用材料；表明房间固定位置与建造主体结构之间，以及各种布置与地面之间、不同地面之间的相互关系。

5）顶棚平面图主要作用是表明顶棚装饰的平面形式、尺寸和材料，以及灯具及其他室内顶部设施的位置和大小等。

6）装饰立面图用于反映室内空间垂直方向的装饰设计形式、尺寸与做法、材料与色彩的选用等内容，是装饰工程中的主要图样之一，是确定墙面做法的主要依据。

7）效果图则是从整体或局部以实物形式反映装饰装修设计和施工最终达到的效果图样。

8）装饰详图也称为大样图，包括装饰构配件详图和装饰节点详图，其作用是把在平面布置图、地面铺装图、顶棚布置图、装饰立面图等图样中无法表示清楚的部分放大比例表示出来。

9）主材表主要列举施工过程中用到的主要装饰装修材料的品种、规格、数量等，为施工组织与管理提供基础资料，为施工结算提供基础资料。

15. 建筑装饰施工图的图示特点有哪些？

答：（1）按照国家有关现行制图标准，采用相应的材料图例，按照正投影原理绘制而成，必要时绘制所需的透视图、轴测图等。

（2）它是建筑施工图的一种和重要组成部分，只是表达的重点内容与建筑施工图不同、要求也不同。它以建筑设计为基础，制图和识图上有自身的规律，如图样的组成、施工工艺及细部做法的表达方法与建筑施工图有所不同。

（3）装饰施工图受业主的影响大。业主的使用要求是装饰设计的一个主要因素，尤其是在方案设计阶段。设计的方案最终要业主审查通过后才能进入施工程序。

（4）装饰设计图具有易识别性。图纸面对广大用户和专业施工人员，为了明确反映设计内容，增加与用户的沟通效果，设计需要简单、易识别性。

（5）装饰设计涉及的范围广。装饰设计与建筑、结构、水电、暖、机械设备等都会发生联系，所以与施工和其他单位的项目管理也会发生联系，这就需要协调好各方关系。

（6）装饰施工图详图多，必要时应提供材料样板。装饰设计具有鲜明的个性，设计施工图具有个案性，很多做法难以找到现成的节点图引用，故详图很多。装饰装修施工用到的做法多、选材广，为了达到满意的效果需要材料供应商在设计阶段提供供材样板。

16. 建筑装饰平面布置图的图示方法及内容各有哪些？

答：（1）图示方法

假想用一个水平的剖切平面，在略高于窗台的位置，将结果内外装修后的房屋整个剖开向下投影所得的图。它与建筑平面图相配合，建筑平面图上剖切的部分在装饰施工图上也会体现出来，在图上剖到部分用粗线表示、看到的用细线表示，省去建筑平面图上与装饰无关或关系不大的内容。装饰图中门窗的平面形式主要用图例表示，其装饰应按比例和投影关系绘制，标明门窗是里装、外装还是中装等，并注明设计编号；垂直构件的装饰形式，可用中实线画出它们的外轮廓，如门窗套、包柱、壁饰、隔断等；墙柱的一般饰面则用细实线表示。各种室内陈设品可用图例表示。图例是简化的投影，一般按中实线画出，对于特征不明显的图例可以用文字注明。

（2）图示内容

1）建筑主体结构，如墙、柱、门窗、台阶等。

2）各功能空间（如客厅、餐厅、卧室等）的家具的平面形状和位置，如沙发、茶几、餐桌、餐椅、酒柜、地柜、床、衣柜、梳妆台、床头柜、书柜、书桌等。

3）厨房的橱柜、操作台、洗涤池等的形状和位置。

4）卫生间的浴缸、大便器、洗手台等的形状和位置。

5）家电的形状和位置，如空调、电冰箱、洗衣机等。

6）隔断、绿化、装饰构件、装饰小品等的布置。

7）标注建筑主体结构的开间和进深尺寸等尺寸、主要的装修尺寸。

8）装修要求等文字说明。

9）装饰图符号。

17. 地面铺装图的图示方法及内容各有哪些？

答：（1）图示方法

地面铺装图是在装饰平面布置图的基础上，把地面（包括楼面、台阶面、楼梯平台面等）装饰单独独立出来而绘制的详图。它是在室内不布置可移动的装饰因素（如家具、设备、盆栽等）的状况下，假想用一个水平的剖切平面，在略高于窗台的位置，将经过内外装修的房屋整个剖开，移去以上部分向下所做的水平投影图。

（2）图示内容

1）建筑平面布置图基本和尺寸。装饰地面布置图需要表达建筑平面图的有关内容。

2）装饰结构的布置形式和位置。

3）室内外地面的平面形状和位置。地面装饰的平面形式要求绘制准确、具体、按比例用细实线画出该形式的材料规格、铺式和构造分格线等，并标明其材料品种和工艺要求，必要时应填充恰当的图案和以材质实景图表示，标明地面的具体标高和收口索引。

4）装饰结构与地面布置的尺寸标注。

5）必要的文字说明。为了使图面的表达更为详尽、周到，必要的文字说明是不可缺少的，如房间的名称、饰面材料的规格品种颜色、工艺做法与要求、某些装饰构件与配套布置的名称等。

18. 顶棚平面图示方法及内容各有哪些？

答：（1）图示方法

顶棚平面图也称天花平面图，是采用镜像投影法，将地面视为截面，对镜中顶棚的形象作正投影而成。

（2）图示内容

1）表明墙柱和门窗洞口位置，是采用镜像投影法绘制的顶棚图。其图形上的前后、左右位置与装饰平面布置图完全一致，纵横轴线的排列也与之相同。但图示了墙柱断面和门窗洞口以后，仍要标注轴线尺寸、总尺寸。洞口尺寸和洞间墙尺寸可不必标出这些尺寸可对照装饰平面布置图阅读。定位轴线和编号也不必全部标出，只在平面图四角部分标出，能确定它与装饰平面图的对应位置就可以了。顶棚平面图一般不图示门扇及其开启方向线，只图示门窗过梁底面。为区别门洞与窗洞，窗扇用一条细虚线表示。

2）表示顶棚装饰造型的平面形式和尺寸，并通过附加文字说明其所用材料、色彩及工艺要求。顶棚的跌级变化应结合造型平面分区用标高来表示，所注标高是顶棚各构件地面的高度。

3）表明顶部灯具的种类、式样、规格、数量及布置形式及安装位置。顶棚平面图上的小型灯具按比例用一个细实线圆表示，大型灯具可按比例画出它的正投影外形轮廓，力求简明、概括，并附加文字说明。

4）表明空调风口、顶部消防与音响设备等设施的布置形式与安装位置。

5）表明墙体顶部有关装饰配件（如窗帘盒、窗帘等）的形式与位置。

6）表明顶棚剖面构造详图的剖切位置及剖面构造详图的所在位置。

19. 装饰详图的图示内容及方法各有哪些？

答：（1）按照隶属关系分类的装饰详图

1）功能房间大样图。它以整体设计某一重要或有代表性的房间单独提取出来放大做设计图样，图示内容详尽。其内容包括该房间的平面综合布置图、顶棚综合图以及该房间的各立面图、效果图。

2）装饰构配件详图。装饰构配件种类很多，它包括各种室内配套设置体，还包括一些装饰构配件，如装饰门、门窗套、装饰隔断、花格、楼梯栏板（杆）等。

3）装饰节点图。它是将两个或多个装饰面的交汇点或构造的连接部位，按垂直和水平方向剖开，并以较大比例绘制出的详图，它是装饰工程中最基本和最具体的施工图，其中比例1∶1的详图又称为足尺图。

（2）按照详图的部位分类的装饰详图

1）地面构造详图。不同的地面（坪）图示方法不尽相同。一般若地面（坪）作有花饰图案时应绘出地面（坪）花饰平面图。对地面（坪）的构造则应用断面图表明，地面多层作法多用分层注释方法表明。

2）墙面构造装饰详图。一般就是软包装或硬包装的墙面绘制装饰详图，构造装饰详图通常包括墙体装饰立面图和墙体断面图。

3）隔断装饰详图。隔断的形式、风格及材料与做法种类繁多。可用整体效果的立面图、结构材料与做法的剖面图和节点立体图来表示。

4）吊顶装饰详图。室内吊顶也是装饰设计的主要内容，形式较多。一般吊顶装饰详图应包括吊顶平面格栅布置图和吊顶固定方式节点图等。

5）门窗装饰构造详图。在装饰设计中，门窗一般要进行成型装修或改造，其详图包括表示门、窗整体的立面图和表示具体材料、结构的节点断面图。

6）其他详图。例如，门、窗及扶手、栏杆、栏板等这些构件平面上不宜表达清楚，需要将进一步表达的部位另画大样图，这就是建筑构建配件装饰大样图。高级装修中，还有一些装饰部件，如墙面顶棚的装饰浮雕、通风口的通风算子，栏杆的图案构件及彩画装饰等，设计人员常用1：1的比例画出它的实际尺寸图样，并在图中画出局部断面形式，以利于施工。

20. 建筑装饰平面布置施工图、地面铺装施工图的绘制包括哪些步骤？

答：（1）装饰平面图的绘制

1）选比例、定图幅。装饰施工图绘制的常用比例根据制图标准的规定确定。

2）画出建筑主体结构（如、墙、柱、门、窗等）的平面图，比例为1：50或大于1：50时，应用细实线画出墙身饰面材料轮廓线。

3）画出家具、厨房设备、卫生间洁具、电器设备、隔断、装饰构件等的位置。

4）标注尺寸、剖面符号、详图索引符号、图例名称、文字说明等。

5）画出地面构造的拼花图案、绿化等。

6）描粗整理图线。墙、柱用粗实线表示，门窗、楼梯用中粗线表示；装饰轮廓线如隔断、家具、洁具、电器等主要轮廓线用中实线表示；地面拼花等次要轮廓线用细实线表示。

（2）地面铺装图的绘制

1）选比例、定图幅。

2）画出建筑主体结构（如、墙、柱、门、窗等）的平面图和现场制作的固定家具、隔断、装饰构件等。

3）画出客厅、过道、餐厅、卧室、厨房、卫生间、阳台等的地面材料分格拼装线。

4）标注尺寸、剖面符号、详图索引符号、文字说明等。

21. 建筑顶棚平面图、装饰立面图的绘制包括哪些步骤?

答：（1）顶棚平面图的绘制

1）选比例、定图幅。

2）画出建筑主体结构的平面图，门窗洞一般不用画出，也可用虚线画出窗洞的位置。

3）画出顶棚的构造、灯饰及各种设施的轮廓线。

4）标注尺寸、剖面符号、详图索引符号、文字说明等。

5）描粗整理图线：墙、柱用粗实线表示；顶棚的藻井、灯饰等主要造型轮廓线用中实线表示，顶棚的装饰线、面板的拼装分隔等次要的轮廓线用细实线表示。

（2）装饰立面图的绘制

1）选比例、定图幅，画出地面、楼板及墙面两端的单位轴线等。

2）画出墙面的主要造型轮廓线。

3）画出墙面的次要轮廓线、标注尺寸、剖面符号、详图索引符号、文字说明等。

4）描粗整理图线：建筑主体结构的梁、板、墙用粗线表示；墙面的主要造型轮廓线用中粗线表示；次要的轮廓线（如装饰线、浮雕图案等）用细实线表示。

22. 建筑装修施工图识读的一般步骤与方法各是什么?

答：（1）装修施工图识读的一般方法

1）总览全局。先阅读装饰施工图的基本图样，建立建筑物及装饰的轮廓概念，然后再有针对性地阅读详图。

2）循序渐进。根据投影关系、构造特点和图纸顺序，从前往后、从上往下、从左往右、从外向内、从小到大、由粗到细反复阅读。

3）相互对照。识读装饰施工图时，应当图样与说明对照看，基本图与详图对照看，必要时还要查阅建筑施工图、结构施工图、设备施工图，弄清相互对应关系与配合要求。

4）重点阅读。有重点的阅读施工图，掌握施工必需的信息。

（2）阅读装饰施工图的样板顺序

1）阅读图纸目录。根据目录对照检查全套图纸是否齐全，标准图是否配齐，图纸有无缺损。

2）阅读装饰装修施工工艺说明。了解本工程的名称、工程性质以及采用的材料和特殊要求等，对本工程有一个完整的概念。

3）通读图纸。对图纸进行初步阅读。读图时，按照先整体后局部、先文字后图样、先图形后尺寸的顺序进行。

4）精读图纸。在初读基础上，对图纸进行对照、详细阅读，对图样上的每个线面、每个尺寸都务必看懂，并掌握与其他图的关系。

第四节　工程施工工艺和方法

1. 岩土的工程分类分为哪几类？

答：《建筑地基基础设计规范》GB 50007—2011 规定：作为建筑物地基岩土，可分为岩石、碎石土、砂土、粉土、黏性土和人工填土共六类。

岩石：岩石是指颗粒间牢固粘结，呈整体或具有节理裂隙额岩体。它具有以下性质：

（1）岩石的硬质程度

作为建筑地基的岩石除应确定岩石的地质名称外，还应根据岩石的坚硬程度，依据岩石的饱和单轴抗压强度将岩石分为坚硬岩、较硬岩、较软岩和极软岩。

（2）岩石的完整程度

岩石的完整程度划分为完整、较完整、较破碎、破碎和极破碎五类。

碎石：土是粒径大于 2mm 的颗粒含量超过全重 50％的土。碎石土根据颗粒含量及颗粒形状、可分为漂石或块石、卵石或碎石、圆砾或角砾。

砂土：砂土是指粒径大于 2mm 的颗粒含量不超过全重 50％、粒径大于 0.075mm 的颗粒超过全重 50％的土。按粒组含量，分为砾砂、粗砂、中砂、细砂和粉砂。

粉土：粉土是指介于砂土和黏土之间，塑性指数 $I_p \leqslant 10$ 且粒径大于 0.0075 的颗粒含量不超过全重的 50％的土。

黏性土：塑性指数 I_p 大于 10 的土称为黏性土，可分为黏土、粉质黏土。

人工填土：是由指人类活动而形成的堆积物。其构成的物质成分较杂乱、均匀性较差。人工填土根据其组成和成因，可分为素填土、压实填土、杂填土、冲填土。素填土为由碎石土、砂土、粉土、黏土等组成的填土；压实填土是指经过压实或夯实的素填土；杂填土为含有建筑垃圾、工业废料、生活垃圾等杂物的填土；冲填土为由水力冲填泥砂形成的填土。

2. 常用地基处理方法包括哪些？它们各自适用哪些地基土？

答：地基处理的方法可分为：根据处理时间可分为临时处理和永久处理；根据处理深度可分为浅层处理和深层处理；根据被处理土的特性，可分为砂土处理和黏土处理，饱和土处理和不饱和土处理。现阶段一般按地基处理的作用机理对地基处理方法进行分类。

（1）机械压实法

机械压实法通常采用机械碾压法、重锤夯实法、平板振动法。这种处理方法是利用了土的压实原理，把浅层地基土压实、夯实或振实。属于浅层处理。适用地基土为碎石、砂土、粉土、低饱和度的粉土与黏性土、湿陷性黄土、素填土、杂填土等地基。

（2）换土垫层法

换土垫层法通常的处理方法是采用砂石垫层、碎石垫层、粉煤灰垫层、干渣垫层、土或灰土垫层置换原有软弱地基土来湿陷地基处理的。其原理就是挖除浅层软弱土或不良土，回填碎石、粉煤灰垫、干渣垫、粗颗粒土或灰土等强度较高的材料，并分层碾压或夯实土，提高承载力和减少变形，改善特殊土的不良特性，属浅层处理。这种处理方法适用于淤泥、淤泥质土、湿陷性黄土、素填土、杂填土地基及暗沟、暗塘等的浅层处理。

（3）排水固结法

排水固结法对地基处理方法是采用天然地基和砂井及塑料排水板地基的堆载预压、降水预压、电渗预压等方法达到地基处理的。其原理是通过在地基中设置竖向排水通道并对地基施以预压荷载，加速地基土的排水固结和强度增长，提高地基稳定性，提前完成地基沉降。其属深层处理，适用于深厚饱和软土和冲填土地基，对渗透性较低的泥炭土应慎用。

（4）深层密实法

深层密实法是通过采用碎石桩、砂桩、砂石桩、石灰桩、土桩、灰土桩、二灰桩、强夯法、爆破挤密法等对软弱地基土处理的一种方法。这种方法的原理是采用一定的技术方法，通过振动和挤密，使土体孔隙减少，强度提高，在振动挤密的过程中，回填砂、碎石、灰土、素土等，形成相应的砂桩、碎石桩、灰土桩、土桩等，并与地基土组成复合地基，从而提高强度，减少变形；强夯即利用强大的夯实功能，在地基中产生强烈的冲击波和动应力，迫使土体动力固结密实（在强夯过程中，可填入碎石，置换地基土）；爆破则为引爆预先埋入地基中的炸药，通过爆破使土体液化和变形，从而获得较大的密实度，提高地基承载能力，减少地基变形。这类地基处理方法属深层次处理。这种方法适用于松砂、粉土、杂填土、素填土、低饱和度黏性土及湿陷性黄土，其中强夯置换适用于软黏土地基的处理。

（5）胶结法

这种方法是对地基土注浆、深层搅拌和高压旋喷等方法使地基土土体结构改变，从而达到改善地基土受力和变形性能的处理方法。这类处理方法是采用专门技术，在地基中注入泥浆液或化学浆液，使土粒胶结，提高地基承载力、减少沉降量、防止渗漏等；或在部分软土地基中参入水泥、石灰等形成加固体，与地基土组成复合地基，提高地基承载力、减少变形、防止渗漏；或高压冲切土体，在喷射浆液的同时旋转，提升喷浆管，形成水泥圆柱体，与地基土组成复合地基，提高地基承载力，减少地基沉降量，防止砂土液化、管涌和基坑隆起等。这类处理方法适用于淤泥、淤泥质土、黏性土、粉土、黄土、砂土、人工填土地基；注浆法还可适用于岩石地基。

（6）加筋法

加筋法是采用土工膜、土工织物、土工格栅、土工合成物、土锚、土钉、树根桩、碎石桩、砂桩等对地基土加固的一种方法。它的原理是将土工聚合物铺设在人工填筑的堤坝或挡土墙内起到排水、隔离、加固、补强、反滤等作用；土锚、土钉等置于人工填筑的堤坝或挡土墙内可提高土体的强度和自稳能力；在软弱土层上设置树根桩、碎石桩、砂桩等，形成人工复合土体，用以提高地基承载力，减少沉降量和增加地基稳定性。这类方法适用于软黏土、砂土地基、人工填土及陡坡填土等地基的处理。

3. 基坑（槽）开挖、支护及回填主要事项各有哪些？

答：基坑工程根据其开挖和施工方法可分为无支护开挖和有支护开挖方法。有支护的基坑工程一般包括以下内容：维护结构、支撑体系、土方开挖、降水工程、地基加固、现场监测和环境保护工程。

有支护的基坑工程可以进一步分为无支撑围护和有支撑围

护。无支撑围护开挖适合于开挖深度较浅、地质条件较好、周围环境保护要求较低的基坑工程，具有施工方便、工期短等特点。有支撑围护开挖适用于地层软弱、周围环境复杂、环境保护要求较高的深基坑开挖，但开挖机械的施工活动空间受限、支撑布置需要考虑适应主体工程施工、换拆支撑施工较复杂。

无支护放坡基坑开挖是空旷施工场地环境下的一种常见的基坑开挖方法，一般包括以下内容：降水工程、土方开挖、地基加固及土坡坡面保护。放坡开挖深度通常限于3～6m；如果大于这一深度，则必须采取分段开挖，分段之间应该设置平台，平台宽度2～3m。当挖土通过不同土层时，可根据土层情况改变放坡的坡率，并酌留平台。

基坑回填的回填和压实对保护基础和地基起决定性的作用。回填土的密实度达不到要求，往往遭到水冲灌，使地基土变软沉陷，导致基础不均匀沉陷发生倾斜和断裂，从而引起建筑物出现裂缝。所以，要求回填土压实后的土方必须具有足够大的强度和稳定性。为此必须控制回填土含水量不超过最佳含水量。回填前，必须将坑中积水、杂物、松土清除干净，基坑现浇混凝土应达到一定的强度，不致受填土损失，方可回填。回填土料应符合设计要求。

房心土质量直接影响地面强度和耐久性。当房心土下沉时导致地面层空鼓甚至开裂。房心土应合理选用土料，控制最佳含水量，严格按规定分层夯实，取样验收。房心回填土深度大于1.5m时，需要在建筑物外墙基槽回填土时采取防渗水措施。

4. 混凝土扩展基础和条形基础施工要点和要求有哪些？

答：混凝土基础施工工艺过程和注意事项包括：

（1）在混凝土浇灌前应先进行基底清理和验槽，轴线、基坑尺寸和土质应符合设计规定。

（2）在基坑验槽后应立即浇筑垫层混凝土，宜用表面振捣器进行振捣，要求表面平整。当垫层达到一定强度后，方可支模、铺设钢筋网。

（3）在基础混凝土浇灌前，应清理模板，进行模板的预验和钢筋的隐蔽工程验收。对锥形基础，应注意保证椎体斜面坡度的正确，斜面部分的模板应随混凝土的浇捣分段支设并顶压紧，以防模板上浮变形，边角处的混凝土必须注意捣实。严禁斜面部分不支模，用铁锹拍实。

（4）基础混凝土宜分层连续浇筑完成。

（5）基础上有插筋时，要将插筋加以固定，以保证其位置的正确。

（6）基础混凝土浇灌完，应用草帘等覆盖并浇水加以养护。

5. 筏形基础的施工要点和要求有哪些？

答：筏形基础的施工要点和要求包括：

（1）施工前如地下水位较高，可采用人工降低地下水位甚至基坑底不少于 500mm，以保证无水情况下进行基坑开挖和基础施工。

（2）施工时，可采用先在垫层上绑扎底板、梁的钢筋和柱子锚固插筋，浇筑底板混凝土，待达到设计强度的 25% 后，再在底板上支梁模板，继续浇筑完梁部分混凝土；也可采用底板和梁模板一次同时支好，混凝土一次连续浇筑完成，梁侧模板采用支架支承并固定牢固。

（3）混凝土浇筑时一般不留施工缝，必须留设时应按施工缝要求处理，并应设置止水带。

（4）混凝土浇筑完毕，表面应覆盖和洒水养护不少于 7d。

（5）当混凝土强度达到设计强度的 30% 时，应进行基坑回填。

6. 箱形基础的施工要点和要求有哪些？

答：（1）基坑开挖，如地下水位较高，应采取措施降低地下水位至基坑底以下 500mm 处。当采用机械开挖时，在基坑底面标高以上保留 200~400mm 厚的土层，采用人工清槽。基坑验槽后，应立即进行基础施工。

（2）施工时，基础底板、内外墙和顶板的支模、钢筋绑扎和混凝土浇筑，可采用分块进行，其施工缝的留设位置和处理应符合钢筋混凝土工程施工及验收规范有关要求，外墙接缝应设止水带。

（3）基础的底板、内外墙和顶板宜连续浇筑完毕。如设置后浇带，应在顶板浇筑后至少两周以上在施工，使用比设计强度高一级的细石混凝土。

（4）基础施工完毕，应立即进行回填土。

7. 砖基础施工工艺要求有哪些？

答：砖基础砌筑前，应先检查垫层施工是否符合质量要求，然后清扫垫层表面，将浮土和垃圾清除干净。砌基础时可以皮数杆先砌几皮转角及交接处的砖，然后在其间拉准线砌中间部分。若砖基础不在同一深度，则应先由底往上砌筑。在砖基础高低台阶接头处，下台面台阶要砌一定长度（一般不小于 5500mm）的实砌体，砌到上面后和上面的砖一起退台。

基础墙的防潮层，如设计无具体要求，宜用 1：2.5 的水泥砂浆加适量的防水剂铺设，其厚度一般为 20mm。抗震设防地区的建筑物，不用油毡做基础墙的水平防潮层。

8. 钢筋混凝土预制桩基础施工工艺和技术要求各有哪些？

答：钢筋混凝土预制桩根据施工工艺不同可分为锤击沉桩法和静力压桩法，它们各自的施工工艺和技术要求分别为：

（1）锤击沉桩法

锤击沉桩法也称为打入法，是利用桩锤下落产生的冲击能克服土对桩的阻力，使桩沉到预定深度或达到持力层。

1）施工程序：确定桩位和沉桩顺序→打桩机就位→吊桩喂桩→校正→锤击沉桩→接桩→再锤击沉桩→送桩→收锤→切割

桩头。

2）打桩时，应用导板夹具或桩箍将桩嵌固在桩架内。将桩锤和桩帽压在桩顶，经水平和垂直度校正后开始沉桩。

3）开始沉桩时应短距轻击，当入土一定深度并待桩稳定后，再按要求的落距沉桩。

4）正式打桩时，宜用"重锤低击"、"低提重打"，可取得良好效果。

5）桩的入土深度控制，对于承受轴向荷载的摩擦桩，以桩端设计标高为主，贯入度作为参考；端承桩则以贯入度为主，桩端设计标高作为参考。

6）施工时，应注意做好施工记录。

7）打桩时还应注意观察：打桩入土的速度；打桩架的垂直度；桩锤回弹情况，贯入度变化情况。

8）预制桩的接桩工艺主要有硫磺胶泥浆锚法接桩、焊接法接桩和法兰螺栓接桩法三种。前一种适用于软土层；后两种适用于各种土层。

（2）静力压桩法

1）静力压桩的施工一般采取分段压入、逐段接长的方法。施工程序为：测量定位→压桩机就位→吊桩插桩→桩身对中调直→静压沉桩→接桩→在静压沉桩→终止压桩→切割桩头。

2）压桩时，用起重机将预制桩吊运或用汽车运至桩机附近，再利用桩机自身设置的起重机将其吊入夹持器中，夹持油缸将桩从侧面夹紧，即可开动压桩油缸。先将桩压入土中 1m 后停止，矫正桩在互相垂直的两个方向垂直度后，压桩油缸继续伸程动作，把桩压入土中。伸长完成后，夹持油缸回程松夹，压桩油缸回程。重复上述动作，可实现连续压桩操作，直至把桩压入预定深度土层中。

3）压同一根（节）桩时应连续进行。

4）在压桩过程中要认真记录桩入土深度和压力表读数的关系，以判断桩的质量和承载力。

5）当压力数字达到预先规定数值，便可停止压桩。

9. 混凝土灌注桩的种类及其施工工艺流程各有哪些?

答：混凝土灌注桩是一种直接在现场桩位上就地成孔，然后在孔内浇筑混凝土或安放钢筋笼再浇筑混凝土而成的桩。按其成孔方法不同，可分为钻孔灌注桩、沉管灌注桩、人工挖孔灌注桩、爆扩灌注桩等。

（1）钻孔灌注桩。钻孔灌注桩是指利用钻孔机械钻出桩孔，并在孔中浇筑混凝土（或先在孔中放入钢筋笼）而成的桩。根据钻孔机械的钻头是否在土的含水层中施工，又分为泥浆护壁成孔和干作业成孔两种施工方法。

1）泥浆护壁成孔灌注桩施工工艺流程：测定桩位→埋设护筒→制备泥浆→成孔→清空→下钢筋笼→水下浇筑混凝土。

2）干作业成孔灌注桩施工工艺流程：测定桩位→钻孔→清孔→下钢筋笼→浇筑混凝土。

（2）沉管灌注桩。沉管灌注桩是指利用锤击打桩法或振动打桩法，将带有活瓣式桩尖或预制钢筋混凝土桩靴的钢管沉入土中，然后边浇筑混凝土（或先在管中放入钢筋笼）边锤击、边振动、边拔管而成的桩。前者称为锤击沉管灌注桩，后者称为振动沉管灌注桩。

1）沉管灌注桩成桩过程为：桩基就位→锤击（振动）沉管→上料→边锤击（振动）边拔管并继续浇筑混凝土→下钢筋笼并继续浇筑混凝土及拔管→成桩。

2）夯压成型沉管灌注桩：

夯压成型沉管灌注桩简称为夯压桩，是在普通锤击沉管灌注桩的基础上加以改进发展起来的新型桩。它是利用打桩锤将内钢管沉入土层中，由内夯管夯扩端部混凝土，使桩端形成扩大头，再灌注桩身混凝土，用内夯管和夯锤顶压在管内混凝土面形成桩身混凝土。

（3）人工挖孔灌注桩。人工挖孔灌注桩是指桩孔采用人工挖掘方法进行成孔，然后安装钢筋笼，浇筑混凝土而成的桩。为了确保人工挖孔灌注桩施工过程中的安全，施工时必须考虑预防孔壁坍塌和流砂现象的发生，制定合理的护壁措施。护壁方法可以采用现浇混凝土护壁、喷射混凝土护壁、砖砌体护壁、沉井护壁、钢套管护壁、型钢或木板桩工具式护壁等多种。以下以应用较广的现浇混凝土分段护壁为例，说明人工成孔灌注桩的施工工艺流程。

人工成孔灌注桩的施工程序是：场地整平→放线、定桩位→挖第一节桩孔土方→支模浇筑第一节混凝土护壁→在护壁上二次投测标高及桩位十字轴线→安放活动井盖、垂直运输架、起重卷扬机或电动葫芦、活底吊木桶、排水、通风、照明设施等→第二节桩身挖土→清理桩孔四壁，校核桩孔垂直度和直径→拆除上节模板、支第二节模板、浇筑第二节混凝土护壁→重复第二节挖土、支模、浇筑混凝土护壁工序，循环作用直至设计深度→进行扩底（当需扩底时）→清理虚土、排除积水、检查尺寸和持力层→吊放钢筋笼就位→浇筑柱身混凝土。

10. 脚手架施工方法及工艺要求有哪些主要内容？

答：脚手架施工方法及工艺要求包括脚手架的搭设和拆除两个方面。

（1）脚手架的搭设包括：

1）脚手架搭设的总体要求。

2）确定脚手架搭设顺序。

3）各部位构件的搭设技术要点及搭设时的注意事项。

（2）确定脚手架的拆除工艺。

1）拆除作业应按搭设的相反手续自上而下逐层进行，严禁上下同时作业。

2）每层连墙件的拆除，必须在其上全部可拆杆件全部拆除以后进行，严禁先松开连墙杆，再拆除上部杆件。

3）凡已松开连接的杆件必须及时取出、放下，以避免作业人员疏忽，误靠而产生危险。

4）拆下的杆件、扣件和脚手板应及时吊运至地面，禁止自架上向下抛掷。

11. 砖墙砌筑技术要求有哪些？

答：全墙砌砖应平行砌起，砖层正确位置除用皮数杆控制外，每楼层砌完后必须校对一次水平、轴线和标高，在允许偏差范围内，其偏差值应在基础或楼板顶面调整。砖墙的水平灰缝厚度一般在 10mm，但不小于 8mm，也不大于 12mm。水平灰缝砂浆饱满度不低于 80%，砂浆饱满度用百格网检查。竖向灰缝宜用挤浆或加浆方法，使其灰缝饱满，严禁用水冲浆灌缝。

砖墙的转角处和交接处应同时砌筑。不能同时砌筑处，应砌成斜槎，斜槎长度不应小于高度的 2/3。非抗震区及抗震设防为 6 度、7 度地区，如临时间断处留槎确有困难，除转角处外，也可以留直槎，但必须做成阳槎，并加设拉结筋。拉结筋的数量为每 120mm 厚墙增设 1 根直径 6mm 的 HPB300 级钢筋（120mm 和 240mm 厚墙均应放置两根直径 6mm 的 HPB300 级钢筋）；间距沿墙高度方向不得超过 500mm；埋入长度从墙的留槎处算起，每边均不应小于 500mm，对抗震设防 6 度、7 度的地区，不应小于 1000mm；末端应有 90°的弯钩，抗震设防地区建筑物临时间断处不得留槎。

宽度小于 1m 的窗间墙，应选用整砖砌筑，半砖和破损的砖应分散使用于墙心或受力较小的部位。不得在下列墙体或部位中留设脚手眼：①空斗墙、半砖墙和砖柱；②砖过梁上与过梁成 60°的三角形范围及过梁净跨 1/2 高度范围内；③宽度小于 1m 的窗间墙；④梁或梁垫下及其左右各 500mm 的范围内；⑤砖砌体的门窗洞口两侧 200mm（石砌体为 300mm）和转角处 450mm（石砌体为 60mm）的范围内。施工时在砖墙中留置的临时洞口，其侧边离交接处的墙面不应小于 500mm，洞口净宽不应超过 1m，洞口顶部宜设置过梁。抗震设防为 9 度地区的建筑物，临时洞口的设置应会同设计单位研究决定。临时洞口应做好补砌。

每层承重墙最上一皮砖，在梁或梁垫的下面，应用丁砖砌筑；隔墙与填充墙的顶面与上层结构的接触处，宜用侧砖或立砖斜砌挤紧。

设有钢筋混凝土构造柱的多层砖房，应先绑扎钢筋，而后砌砖墙，最后浇筑混凝土。墙与柱应沿高度方向每500mm设两根直径6mm的HPB300级拉结钢筋（一砖墙），每边伸入墙内不应少于1m；构造柱应与圈梁连接；砖墙应砌成马牙槎，每一马牙槎沿高度方向的尺寸不超过300mm，马牙槎从每层砖柱脚开始，应先退后进。该层构造柱混凝土浇筑完后，才能继续上一层的施工。

砖墙每天砌筑高度以不超过1.8m为宜。雨天施工时，每天砌筑高度不宜超过1.2m。

12. 砖砌体的砌筑方法有哪些？

答：砖砌体的砌筑方法有"三一"砌砖法、挤浆法、刮浆法和满口灰法四种。以下介绍最常用的"三一"砌砖法、挤浆法。

（1）"三一"砌砖法。即一块砖、一铲灰、一揉压并随手将挤出的砂浆刮去的砌筑方法。这种砌筑方法的优点是：随砌随铺，随即挤揉，灰缝容易饱满，粘结力好，同时在挤砌时随即刮去挤出墙面的砂浆，使墙面保持整洁。所以，砌筑实心砖墙宜采用"三一"砌砖法。

（2）挤浆法。用灰勺、大铲或铺灰器在墙顶铺一段砂浆，然后双手拿砖或单手拿砖，用砖挤入砂浆中一定厚度之后把砖放平，达到下齐边、上齐线、横平竖直的要求。这种砌砖方法的优点是，可以连续挤砌几块砖，减少烦琐的动作；平推平挤可使灰缝饱满；效率高；保证砌筑质量。

13. 砌块体施工技术要求有哪些要求？

答：（1）编制砌块排列图。砌块吊装前应先绘制砌块排列图，以指导吊装施工和砌块准备。绘制时在立面图上用 1∶50 或 1∶30 的比例绘出横墙，然后将过梁、平板、大梁、楼梯、混凝土砌块等在图上标出，再将预留孔洞标出，在纵墙和横墙上画出水平灰线，然后按砌块错缝搭接的构造要求和竖缝的大小进行排列。以主砌块为主，其他各种型号砌块为辅，以减少吊次，提高台班产量。需要镶砖时应整砖镶砌，而且尽量对称分散布置。砖的强度等级不应小于砌块的强度等级，镶砖应平砌，不宜侧砌和竖砌，墙体的转角处不得镶砖；门窗洞口不宜镶砖。

砖块的排列应遵守下列技术要求：上下皮砌块错缝搭接长度一般为砌块长度的 1/2（较短的砌块必须满足这个要求），或不得小于砌块皮高的 1/3，以保证砌块牢固搭接，外墙转角及横墙交接处应用砌块相互搭接。如纵横墙不能互相搭接，则每二皮应设置一道钢筋网片。

砌块中水平灰缝厚度应为 10～15mm；当水平灰缝有配筋或柔性拉结条时，其灰缝厚度为 20～25mm。竖向灰缝的宽度为 10～20mm；当竖向灰缝宽度大于 30mm 时，应用强度等级不低于 C20 的细石混凝土填实；当竖灰缝宽度大于或等于 150mm，或楼层不是砌块加灰缝的整倍数时，都要用烧结普通砖镶砌。

（2）选择砌块安装方案。中小型砌块安装用的机械有台灵架、附有起重拔杆的井架、轻型塔式起重机等。根据台灵架安装砌块时的吊装线路分，有后退法、合拢法及循环法。

（3）机具准备除应准备好砌块垂直、水平运输和吊装的机械外，还要准备安装砌块的专用夹具和其他有关工具。

（4）砌块的运输及堆放。砌块的装卸可用少先式起重机、汽车式起重机、履带式起重机和塔式起重机等。砌块堆放应使场内运输线路最短。堆置场地应平整夯实，有一定泄水坡度，必要时开挖排水沟。砌块不宜直接堆放在地面上，应堆在草袋、炉渣垫层或其他垫层上，以免砌块底面弄脏。砌块的规格数量必须配套，不同类型分别堆放。砌块的水平运输可用专用砌块小车、普通平板车等。

14. 砌块体施工工艺有哪些内容？

答：砌块施工的主要工序是：铺灰、吊砌块、校正、灌缝等。

（1）铺灰。砌块墙体所采用的砂浆，应具有较好的和易性，砂浆稠度采用 50～80mm，铺灰应均匀平整，长度一般以不超过 5m 为宜，炎热的夏季或寒冷季节应按设计要求适当缩短，灰缝的厚度按设计规定。

（2）吊砌块就位：吊砌块一般用摩擦式夹具，夹砌块时应避免偏心。砌块就位时应使夹具中心尽可能与墙身中心线在同一垂直线上，对准位置徐徐落于砂浆层上，待砌块安放稳当后，方可松开夹具。

（3）校正。用垂球或托线板检查垂直度，用拉准线的方法检查水平度。校正时可用人力轻微推动砌块或用撬杠轻轻撬动砌块，自重在 150kg 以下的砌块可用木锤锤击偏高处。

（4）灌缝。竖缝可用夹板在墙体内夹住，然后灌砂浆，用竹片插或铁棒捣，使其密实。当砂浆吸水后用刮缝板把竖缝和水平缝刮齐。此后，砌块一般不准撬动，以防止破坏砂浆的粘结力。

15. 砖砌体工程质量通病有哪些？预防措施各是什么？

答：砌体工程的质量通病和防治措施如下：

（1）砂浆强度偏低，不稳定。这类问题有两种情况：一种是砂浆标养试块强度偏低；二是试块强度不低，甚至较高，但砌体中砂浆实际强度偏低。标养试块强度偏低的主要原因是计量不准或不按配比计量，水泥过期或砂及塑化剂质量低劣等。由于计量不准，砂浆强度离散性必然偏大。主要预防措施是：加强现场管理和计量控制。

（2）砂浆和易性差，沉底结硬。主要表现在砂浆稠度和保水性不合格，容易产生沉淀和泌水现象，铺摊和挤浆较为困难，影响砌筑质量，降低砂浆和砌块的粘结力。预防措施是：低强度等级砂浆尽量不用高强度等级水泥配制，不用细砂，严格控制塑化材料的质量和掺量，加强砂浆拌制的计划性，随拌随用，灰桶中的砂浆经常翻拌、清底。

（3）砌体组砌方法错误。砖墙面出现数皮砖同缝（通缝、直缝）、里外两张皮，砖柱采用包心法砌筑，里外层砖互相不相咬，形成周围通天缝等，影响砌体强度，降低结构整体性。预防措施是：对工人加强技术培训，严格按规范方法组砌，缺损砖应分散使用，少用半砖，禁用碎砖。

（4）墙面灰缝不平，游丁走缝，墙面凹凸不平。水平灰缝弯曲不平直，灰缝厚度不一致，出现"螺丝"墙，垂直灰缝歪斜，灰缝宽窄不匀，丁不压中（丁砖未压在顺砖中部），墙面凹凸不平。防止措施是：砌前应摆底，并根据砖的实际尺寸对灰缝进行调整；采用皮数杆拉线砌筑，以砖的小面跟线，拉线长度（15～20mm）超长时应加腰线。竖缝，每隔一定距离应弹墨线找平，墨线用线坠引测，每砌一步架用立线向上引伸，立线、水平线与线坠应"三线归一"。

（5）墙体留槎错误。砌墙时随意留槎，甚至是阴槎，构造柱马牙槎不标准，槎口以砖渣填砌，接槎砂浆填塞不严，影响接槎部位砌体强度，降低结构整体性。预防措施是：施工组织设计中应对留槎作统一考虑，严格按规范要求留槎，采用18层退槎砌法；马牙槎高度，标准砖留5皮，多孔砖留3皮；对于施工洞所留槎，应加以保护和遮盖，防止运料车碰撞槎子。

（6）拉结钢筋被遗漏。构造柱及接槎的水平拉结钢筋往往被遗漏或未按规定布置；配筋砖缝砂浆不饱满，露筋，年久易锈。预防措施是：拉结筋应作为隐检项对待，应加强检查，并填写检查记录档案。施工中，对所砌部位需要配筋应一次备齐，以备检查有无遗漏。尽量采用点焊钢筋网片，适当增加恢复厚度（以钢筋网片上下各有2mm保护层为宜）。

16. 砌块砌体工程质量通病有哪些？预防措施各是什么？

答：（1）砌块砌体裂缝。砌块砌体容易产生沿楼板水平裂缝，底层窗台中部竖向裂缝，顶层两端角部阶梯形裂缝及砌块周边裂缝等。预防措施是：为减少收缩，砌块出池后应有足够的静置时间（30～50d）；清除砌块表面脱模剂及粉尘等；采用粘结力强、和易性好的砂浆砌筑，控制灰缝长度和灰缝厚度；设置芯柱、圈梁、伸缩缝，在温度、收缩比较敏感的部位配置水平钢筋。

（2）墙面渗水。砌块墙面及门窗框四周常出现渗水、漏水现象。预防措施是：认真检查砌块质量，特别是抗渗性能；加强灰缝砂浆饱满度控制；杜绝砌体裂缝；门窗洞周边嵌缝应在墙面抹灰前进行。而且要待固定门窗框的铁脚和砂浆或细石混凝土达到一定强度后进行。

（3）层高超高。层高实际高度与设计的高度的偏差超过允许偏差。预防措施是：保证配置砂浆的原料符合质量要求，并且控制灰缝的厚度和长度；砌筑前应根据砌块、梁、板的尺寸规格，计算砌块皮数，绘制皮数杆，砌筑时控制好每皮砌块的砌筑高度，对于原楼地面的标高误差，可在砌筑灰缝或圈梁、楼板找平层的允许误差内逐皮调整。

17. 常见模板的种类、特性及技术要求各是什么？

答：（1）模板的分类有按材料分类、按结构类型分类和按施工方法分类三种。

1）按材料分类。木模板、钢框木（竹）模板、钢模板、塑料模板、铝合金模板、玻璃钢模板、装饰混凝土模板、预应力混凝土薄板等。

2）按结构类型分类。分为基础模板、柱模板、梁模板、楼板模板、楼梯模板、墙模板、壳模板等。

3）按施工方法分类。分为现场拆装式模板、固定式模板和移动式模板。

（2）常见模板的特点。常见模板的特点包括以下六个方面：

1）木模板的优点是制作方便、拼接随意，尤其适用于外形复杂或异形混凝土构件，此外，由于导热系数小，对混凝土冬期施工有一定的保温作用。

2）组合钢模板轻便灵活，拆装方便，通用性较强，周转率高。

3）大模板工程结构整体性好，抗震性强。

4）滑升模板可节约大量模板，节省劳力、减轻劳动强度降低工程成本、加快工程进度，提高了机械化程度，但钢材的消耗量有所增加，一次性投资费用较高。

5）爬升模板既保持了大模板墙面平整的优点，又保持了滑模利用自身设备向上提升的优点。

6）台模是一种大型工具式模板、整体性好，混凝土表面容易平整，施工速度快。

（3）模板的技术要求包括以下六个方面：

1）模板及其支架应具有足够的强度、刚度和稳定性；能可靠地承受浇筑混凝土的重量、侧压力以及施工荷载。

2）模板的接缝不应灌浆；在浇筑混凝土之前，木模板应浇水湿润，但模板内不应有积水。

3）模板与混凝土的接触面应该清理干净并涂隔离剂，但不得采用影响结构性能或妨碍装饰工程施工的隔离剂。

4）浇筑混凝土前，模板内的杂物应清理干净；对清水混凝土工程及装饰混凝土工程，应使用能达到设计效果的模板。

5）用作模板的地坪、胎模等应平整、光洁，不得产生影响构件质量的下沉、裂缝、起砂或起鼓。

6）对跨度不小于 4m 的钢筋混凝土现浇梁、板，其模板应按设计要求起拱；当设计无具体要求时，起拱高度宜为跨度的 $1/1000\sim3/1000$。

18. 钢筋的加工和连接方法各有哪些？

答：（1）钢筋的加工包括调直、除锈、下料切断、接长、弯曲成型等。

1）调直。钢筋的调直可采用机械调直、冷拉调直，冷拉调直必须控制钢筋的冷拉率。

2）除锈。钢筋的除锈可以采用电动除锈机除锈、喷砂除锈、酸洗除锈、手工除锈，也可以在冷拉过程中完成除锈工作。

3）下料切断。可用钢筋切断机及手动液压切断机。

4）钢筋弯折成型一般采用钢筋弯曲机、四头弯曲机及钢筋弯箍机，也可以采用手摇扳手、卡盘及扳手弯制钢筋。

（2）钢筋连接方法的分类和特点。

钢筋的连接有焊接、机械连接和绑扎连接三类。

1）钢筋常用的焊接方法有：闪光对焊、电弧焊、电渣压力焊、电阻电焊、电弧压力焊和钢筋气压焊。焊接连接可节约钢材，改善结构受力性能，提高工效、降低成本。

2）机械加工连接有套筒挤压连接法、锥螺纹和直螺纹连接法。

①套筒挤压连接法的优点是接头强度高，质量稳定、可靠，安全、无明火，不受气候影响，适用性强；缺点是设备移动不便，连接速度慢。

②锥螺纹连接法现场操作工序简单、速度快，应用范围广，不受气候影响，但现场施工的锥螺纹的质量、漏扭或扭紧不准、丝扣松动对接头强度和变形有很大影响。

③直螺纹连接法不存在扭紧力矩对接头质量的影响，提高了连接的可靠性，也加快了施工速度。

19. 混凝土基础、墙、柱、梁、板的浇筑要求和养护方法各是什么？

答：（1）混凝土浇筑要求

混凝土浇筑要求包括以下几个方面：

1）浇筑混凝土时，为了避免发生离析现象，混凝土自高处自由倾落的高度不应超过 2m，自由下落高度较大时，应使用溜槽或串筒，以防止混凝土产生离析。溜槽一般用木板制成，表面包铁皮，使用时其水平倾角不宜超过 30°。串筒用钢板制成，每节筒长 700mm 左右，用钩环连接，筒内设缓冲挡板。

2）为了使混凝土能够振捣密实，浇筑时应该分层浇筑、振捣，并在下层混凝土初凝前，将上层混凝土浇筑并振捣完毕。如果在下层混凝土已经初凝以后，再浇筑上层混凝土时，下层混凝土由于受冲击和振动，已凝结的混凝土结构就会遭到破坏。

3）竖向构件（墙、柱）浇筑混凝土前，底部应先填 50～100mm 厚与混凝土内砂浆成分相同的水泥砂浆。砂浆应用铁铲入模，不应用料斗直接倒入模内。浇筑墙体洞口时，要使洞口两侧混凝土高度大体一致。振捣时，振动棒应距洞口 300mm 以上，并从两侧同时振捣，以防止洞口变形。大洞口下部模板应开口并补充振捣，浇筑时不得发生离析现象。当浇筑高度超过 3m 时，应采用串筒、溜槽或振动串筒下落。

4）在一般情况下，梁和板的混凝土应同时浇筑。较大尺寸的梁（梁的高度大于 1m）可单独浇筑，在浇筑与柱和墙连成整体的梁和板时，应在柱和墙浇筑完毕后停歇 1～1.5h，使其获得初步沉实后，再继续浇筑梁和板。

5）由于技术上和组织上的原因，混凝土不能连续浇筑完毕，如中间间歇时间超过了混凝土的初凝时间，这时应留置施工缝。施工缝的位置应在混凝土浇筑前确定，宜留在结构受剪力较小且便于施工的部位。柱应留水平缝，梁、板应留垂直缝。柱宜留在基础的顶面、梁或吊车梁牛腿的下面、吊车梁的上面、无梁板柱帽的下面；和板连接成整体的大截面梁，留置在板地面以下 20～30mm 处。单向板宜留置在平行于板的短边任何位置；有主梁的楼板，宜顺着次梁方向浇筑，施工缝应留置在次梁跨度中间 1/3 的范围内。墙留置在门洞口过梁跨中 1/3 范围内，也可留在纵横墙交接处，双向受力楼板、大体积混凝土结构、多层刚架、拱、薄壳、蓄水池、斗仓等复杂的工程，施工缝的位置应按设计要求留置。在浇筑施工缝之前，施工缝处宜先铺水泥浆或与混凝土成分相同的水泥砂浆一层。浇筑时混凝土应细致捣实，使新旧混凝土紧密结合。浇筑混凝土时，应经常观察模板、支架、钢筋、预埋件和预留孔洞的情况。当发现有变形、移位时，应立即停止浇筑，并应在已浇筑的混凝土凝结前修整完好。浇筑混凝土时，应填写好施工记录。

（2）养护方法

混凝土的凝结硬化是水泥颗粒水化作用的结果，而水泥水化颗粒的水化作用只有在适当的温度和湿度条件下才能顺利进行。混凝土的养护就是创造一个具有合适的温度和湿度的环境，使混凝土凝结硬化，逐渐达到设计要求的强度。混凝土养护的方法如下。

1）自然养护是在常温下（平均气温不低于5℃）用适当的材料（如草帘）覆盖混凝土，并适当浇水，使混凝土在规定的时间内保持足够的湿润状态。混凝土自然养护应符合下列规定：在混凝土浇筑完毕后，应在12h内加以覆盖和浇水；混凝土的浇水养护日期：硅酸盐水泥、普通硅酸盐水泥、矿渣硅酸盐水泥拌制的混凝土不得少于7d；掺用缓凝型外加剂或有抗渗性要求的混凝土，不得少于14d；浇水次数应当保持混凝土具有足够的湿润状态为准。养护初期，水泥水化作用进行较快，需水也较多，浇水次数要较多；气温高时，也应增加浇水次数，养护用水的水质与拌制用的水质相同。

2）蒸汽养护是将构件放在充有饱和蒸汽或蒸汽空气混合物的室内，在较高温度和相对湿度的环境中进行养护，以加快混凝土的硬化。混凝土蒸汽养护的工序制度包括：养护阶段的划分，静停时间，升、降温度，恒温养护温度与时间，养护室内相对湿度等。常压蒸汽养护过程分为四个阶段：静停阶段，升温阶段，恒温阶段，降温阶段。静停时间一般为2~6个小时，以防止构件表面产生裂缝和疏松现象；升温速度不宜过快，以免由于构件表面和内部产生过多温度差而出现裂缝；恒温养护阶段应保持90％~100％的相对湿度，恒温养护温度不得高于95℃，恒温养护时间一般为3~8h；降温速度不得超过10℃/h，构件出养护池后，其表面温度与外界温度差不得大于 20℃。

3）针对大体积混凝土可采用蓄水养护和塑料薄膜养护。塑料薄膜养护是将塑料溶液喷涂在已凝结的混凝土表面上，挥发后形成一种薄膜，使混凝土表面与空气隔绝，混凝土中的水分不再蒸发，内部保持湿润状态。

20. 钢结构的连接方法包括哪几种？各自的特点是什么？

答：钢结构的连接方法有焊接、螺栓连接、高强度螺栓连接、铆接。其中，最常用的是焊接和螺栓连接，两者的特点如下。

（1）焊接的特点

速度快、工效高、密封性好，受力可靠、节省材料。但同时也存在污染环境、容易产生缺陷，如裂纹、孔穴、固体夹渣、未熔合和未焊透，焊接变形和焊接残余应力等。

（2）螺栓连接的特点

拼装速度快、生产效率高，可重复用于可拆卸结构。但也有加工制作费工、费时，对板件截面有损伤，连接密封性差等缺陷。

21. 钢结构安装施工工艺流程有哪些？各自的特点和注意事项各是什么？

答：钢结构构件的安装包括如下内容：

（1）安装前的准备工作。应核对构件，核查质量证明书等技术资料。落实和深化施工组织设计，对稳定性较差的构件，起吊前进行稳定性验算，必要时应进行临时加固；应掌握安装前后外界环境；对图纸进行自审和会审；对基础进行验算。

（2）柱子安装。柱子安装前应设置标高观测点和中心线标志，并且与土建工程相一致；钢柱安装就位后需要调整，校正应符合有关规定。

（3）吊车梁安装应在柱子第一次校正和柱间支撑安装后进

行。安装顺序应从有柱间支撑的跨间开始，吊装后的吊车梁应进行临时性固定。吊车梁的校正应在屋面系统构件安装并永久连接后进行。

（4）吊车轨道安装应在吊车梁安装符合规定后进行。吊车轨道的规格和技术条件应符合设计要求和国家现行有关标准的规定，如有变形，应经矫正后方可安装。

（5）屋架的安装应在柱子校正符合规定后进行，屋面系统结构可采用扩大组合拼装后吊装，扩大组合拼装单元宜成为具有一定刚度的空间结构，也可进行局部加固。

（6）屋面檩条安装应在主体结构调整定位后进行。

（7）钢平台、梯子、栏杆的安装应符合国家标准的规定，平台钢板应铺设平整，与支承梁密贴，表面有防滑措施，栏杆安装牢固、可靠，扶手转角应光滑。

（8）高层钢结构的安装。高层钢结构安装的主要节点有柱—柱连接，柱—梁连接，梁—梁连接等。在每层的柱与梁调整到符合安装标准后方可终拧高强度螺栓，施焊。安装时，必须控制楼面的施工荷载。严禁在楼面堆放构件，严禁施工荷载（包括冰雪荷载）超过梁和楼板的承载力。

22. 地下工程防水混凝土施工技术要求和方法有哪些？

答：地下工程防水混凝土施工技术要求和方法有以下几点：

（1）防水混凝土处于侵蚀性介质中，混凝土抗渗等级不应小于P8；防水混凝土结构的混凝土垫层，其抗压强度等级不得小于C15，厚度不应小于100mm。

（2）防水混凝土结构应符合下列规定：①结构厚度不应小于250mm；②裂缝宽度不得大于0.2mm，并不得贯通；③钢筋保护层厚度迎水面不应小于50mm。

（3）防水混凝土拌合，必须采用机械搅拌，搅拌时间不得小于2min；掺外加剂时，应根据外加剂的技术要求确定搅拌时间。防水混凝土必须采用机械振捣密实，振捣时间宜为10～30s，以混凝土开始泛浆和不冒气泡为准，并应避免漏振、欠振和超振。掺引气剂或引气型减水剂时，应采用高频插入式振捣器振捣。

（4）防水混凝土应连续浇筑，宜少留施工缝。当留设施工缝时应注意以下几点：①顶板、底板不宜留施工缝，顶拱、底拱不宜留纵向施工缝，墙体水平施工缝不宜留在剪力墙弯矩最大处或底板与侧墙的交接处，应留在高出底板顶面不小于 300mm 的墙体上，墙体有孔洞时，施工缝距孔洞边缘不宜小于 300mm。拱墙结合的水平施工缝，宜留在起拱线以下 150～300mm 处；先拱后墙的施工缝可留在起拱线处，但必须加强防水措施。②垂直施工缝应避开地下水和裂隙水较多的地段，并宜于与变形缝相结合。③防水混凝土进入终凝时，应立即进行养护，防水混凝土养护得好坏对其抗渗性有很大的影响，防水混凝土的水泥用量较多，收缩较大，如果混凝土早期脱水或养护中缺乏必要的温度和湿度条件，其后果较普通混凝土更为严重。因此，当混凝土进入终凝（浇筑后 4～6h）时，应立即覆盖并浇水养护。浇捣后 3d 内每天应浇水 3～6 次，3d 后每天浇水 2～3 次，养护天数不得少于 14d。为了防止混凝土内水分蒸发过快，还可以在混凝土浇捣 1d 后，在混凝土的表面刷水玻璃两道或氯乙烯—偏氯乙烯乳液，以封闭毛细孔道，保证混凝土有较好的硬化条件。

23. 屋面涂膜防水工程施工技术要求和方法有哪些？

答：屋面涂膜防水工程施工技术要求和方法包括以下几个方面。

（1）屋面涂膜防水工程施工的工艺流程。表面基层清理、修理→喷涂基层处理剂→节点部位附加增强处理→涂布防水涂料及铺贴胎体增强材料→清理及检查修理→保护层施工。

（2）防水涂膜施工应分层分遍涂布。待先涂的涂层干燥成膜后，方可涂布后一遍涂料。铺设胎体增强材料，屋面坡度小于15％时可平行屋脊铺设；坡度大于15％时应垂直屋脊铺设，并由屋面最低处向上操作。

（3）胎体的搭设长度，长边不得小于 50mm；短边不得小于 70mm。采用二层及以上胎体增强材料时，上下层不得互相垂直铺设，搭接缝应错开，其间距不得小于幅宽的 1/3。涂膜防水的收头应用防水涂料多遍涂刷或用密封材料封严。

（4）涂膜防水屋面应做保护层。保护层采用水泥砂浆或块材时，应在涂膜层与保护层之间设置隔离层。

（5）防水涂膜严禁在雨天、雪天施工；五级风及以上时或预计涂膜固化前有雨时不得施工；气温低于 5℃或高于 35℃时不得施工。

24. 屋面卷材防水工程施工技术要求和方法有哪些？

答：屋面卷材防水工程施工包括沥青防水卷材施工、高聚物改性沥青防水卷材施工和合成高分子防水卷材施工三类。它们的施工技术要求和方法分别如下。

（1）沥青防水卷材防水施工技术要求和方法。

它包括以下三个方面：

1）沥青防水卷材的铺设方向按照房屋的坡度确定：当坡度小于 3% 时，宜平行屋脊铺贴；坡度在 3%～15% 之间时，可平行或垂直屋脊铺贴；坡度大于 15% 或屋面有受振动情况，沥青防水卷材应垂直屋脊铺贴；高聚物改性沥青防水卷材和合成高分子防水卷材可平行或垂直屋脊铺贴。坡度大于 25% 时，应采取防止卷材下滑的固定措施。

2）当铺贴连续多跨的屋面卷材时，应按先高跨后低跨、先远后近的顺序。对同一坡度，则应先铺好水落口、天沟、女儿墙、沉降缝部位，特别应先做好泛水，然后顺序铺设大屋面的防水层。

（2）高聚物改性沥青防水卷材施工技术要求和方法。它包括以下几个方面：

1）根据高聚物改性沥青防水卷材的特性，其施工方法有热熔法、冷粘法和自粘法三种。现阶段使用最多的是热熔法。

2）热熔法施工是采用火焰加热器熔化热熔型防水卷材底面

的热熔胶进行粘结的施工方法。操作时，火焰喷嘴与卷材底面的距离应适中；幅宽内加热应均匀，以卷材底面沥青熔融至光亮黑色为度，不得过分加热或烧穿卷材；卷材底面热熔后应立即滚贴，并进行排汽、辊压粘结、刮封接口等工序。采用条粘法施工，每幅卷材两边的粘贴宽度不得小于150mm。

3）冷粘法（冷施工）是采用胶粘剂或冷玛瑞脂进行卷材与基层、卷材与卷材的粘结，而不需要加热施工的方法。

4）自粘法是采用带有自粘胶的防水卷材，不用热施工，也不需要涂刷胶结材料而进行粘结的施工方法。

（3）高分子防水卷材施工。合成高分子防水卷材的铺贴方法有：冷粘法、自粘法和热风焊接法。目前，国内采用最多的是冷粘法。

25. 楼地面工程施工工艺流程和操作注意事项有哪些？

答：一般楼地面工程施工是在上一层楼层的其他湿作业完成后进行，以免损坏楼地面。在沟槽或暗管上面的楼地面，应在管道工程完成并经验收合格后进行。

常用的楼地面按面层所用材料不同分为水泥砂浆面层，水磨石面层，预制水磨石、大理石面层，塑料板面层等。为节约篇幅，这里只谈一下水泥砂浆面层、预制水磨石及大理石地面的施工工艺。

（1）水泥砂浆面层

水泥砂浆面层的厚度为15～20mm。它的施工质量应从材料和抹面操作两个方面加以控制。水泥应选用不低于42.5级的普通硅酸盐水泥，宜选中砂或粗砂，并严格控制砂的含泥量。水泥砂浆的体积配合比为1:2～1:2.5，砂浆的稠度，当有焦渣垫层时宜为25～35mm，当在混凝土基层上铺设时，必须使用干硬性砂浆，以手捏成团、稍出浆为准。

施工前要彻底清理基层，按要求做好面层以下的垫层，在面层施工前要将垫层浇水湿润，刷素水泥浆一道。水泥砂浆应随铺随拍实，在砂浆初凝前完成刮杠、抹平，在砂浆终凝前完成压光。压光宜采用钢抹子分三遍完成。面积较大房间的水泥地面应分格，分格线应平直，深浅一致，地面完成一昼夜后应用锯末覆盖，洒水养护不少于7d。

（2）预制水磨石、大理石地面

首先房间四边取中，在地面标高处作十字线，扫一层水泥砂浆。将石板浸水阴干，于十字线的交线处铺上1:4干硬性水泥砂浆厚度约30mm，先试铺，合格后再揭开石板，翻动底部砂浆、浇水，再撒一层水泥干面，然后正式镶铺。安好后应整齐平稳，横竖缝对直，图案颜色必须符合设计要求。不合格时起出，补浆后再行铺装。厕所、浴室地面要找好泛水，以防积水。缝子先用水泥砂浆灌2/3高度，再用对好颜色的水泥砂浆擦严，然后再用干锯末擦亮，再铺上锯末或草席将地面保护起来，2～3h严禁上人，4～5h内禁止走小车。

26. 涂料工程施工工艺流程和操作注意事项有哪些？

答：涂料工程分为室内刷（喷）浆和室外刷（喷）浆两种情况。

（1）室内刷（喷）浆。室内刷（喷）浆按质量标准和浆料品种、等级来分段进行涂刷。中、高级刷浆应满刮腻子1～2遍，经磨平后再分2～3遍刷浆。机械喷浆则不受遍数限制，以达到质量要求为主。喷浆的顺序是先顶棚后墙面、先上后下，要求喷匀，颜色一致，不流坠、无砂粒。

（2）室外刷（喷）浆。室外刷（喷）浆如分段进行，施工缝应留在分格缝、墙阳角或小落管等分界线处。同一墙面应用相同的材料和同一配合比。采用机械喷浆，要防止沾污门窗、玻璃等不刷浆的部位。

27. 内墙抹灰施工工艺包括哪些内容？

答：（1）施工工艺流程

基层处理→找规矩、弹线→做灰饼、冲筋→做阳角护角→抹底层灰→抹中层灰→抹窗台板、梯脚板（或墙裙）→抹面层灰→清理。

（2）施工要点

1）基层处理。清扫墙面上浮灰污物、检查门窗洞口位置尺寸、大凿补平墙面、浇水湿润基层。

2）找规矩、弹线。四角规方、横线找平、立线吊直、弹出准线、墙裙线、踢脚线。

3）做灰饼、冲筋。为控制抹灰层厚度和平整度，必须用与抹灰材料相同的砂浆先做出灰饼和冲筋。先用托线板检查墙面平整度和垂直度，大致决定抹灰厚度，再在墙的上角各做一个标准灰饼（遇有门窗口垛角处要补做灰饼），大小为50mm见方，然后根据这个灰饼用托线板或挂垂线作墙面下角的两个灰饼，厚度以垂线为准；再在灰饼左右两个墙缝里钉钉子，按灰饼厚度拴上小线挂通线，并沿小线每隔1.2～1.5m上下加若干个灰饼。待灰饼稍干后，在上下灰饼之间抹上宽约100mm的砂浆冲筋，用木杠刮平，厚度与灰饼相平，待稍干后可进行底层抹灰。

4）做阳角护角室内墙面、柱面和门窗洞口的阳角护角，一般1∶2水泥砂浆作暗护角，其高度不应低于2m，每侧宽度不应小于50mm。

5）抹底层灰。冲筋有一定强度，洒水湿润墙面，然后在两筋之间用力抹上底灰，用木抹子压实搓毛。底层灰应略低于冲筋，约为标筋厚度的2/3，由上往下抹。若墙面基层为混凝土时，抹灰前应刮素水泥浆一道；在加气混凝土或粉煤灰砌块基层抹灰时应先刷108胶溶剂一道（108胶∶水＝1∶5），抹混合砂浆时，应先刷108胶水泥浆一道，胶的掺量为水泥量的10%～15%。

6）抹中层灰。中层灰应在底层灰干至六七成后进行。抹灰厚度以垫平冲筋为准，并使其略高于冲筋，抹上砂浆后用木杠按标筋刮平，刮平后紧接着用木抹子搓压使表面平整密实。在墙的阴角处，先用方尺上下核对方正。在加气混凝土基层上抹底层灰的强度与加气混凝土的强度接近，中层灰的配合比也宜与底层灰的相同，底灰宜用粗砂，中层灰和面层灰宜用中砂。板条或钢丝网的缝隙中，各层分遍成活，每遍后3～6mm，待前一遍七八成干后抹第二遍灰。

7）抹窗台板、踢脚线（或墙裙）。应以1：3水泥砂浆抹底灰，表面划毛，隔1d后用素水泥浆刷一道，再用1：2水泥砂浆抹面，根据高度尺寸弹出上线，把八字靠尺靠在线上用铁抹子切齐，修编清理。

8）抹面层灰。俗称罩面。操作应以阳角开始，最好两人同时操作，一人在前面上灰，另一人紧跟在后找平整，并用铁抹子压实赶光，阴阳角处用阴阳角抹子捋光，并用毛刷子蘸水将门窗圆角等处清理干净。当面层不罩面抹灰，而采用刮大白腻子时，一般应在中层砂浆干透，表面坚硬呈灰白色，且没有水迹和潮湿痕迹，用铲刀刻划显白印时进行。面层挂大白腻子一般不少于两遍，总厚度1mm左右。操作时，使用钢片或胶皮刮板，每遍按同一方向往返刮。头遍腻子刮后，在基层已修补过的部位应进行复补找平，待腻子干后，用0号砂纸磨平，扫净浮灰；带头遍腻子干后，再进行第二遍，要求表面平整，纹理质感均匀一致。

9）清理。抹灰面层完工后，应注意对抹灰部分的保护，墙面上浮灰污物需用0号砂纸磨平，补抹腻子灰。

28. 外墙抹灰施工工艺包括哪些内容和步骤？

答：（1）施工工艺流程

基层清理→找规矩→做灰饼、冲筋→贴分隔条→抹底灰→抹中层灰→抹面层灰→滴水线（滴水槽）→清理。

（2）施工要点

1）基层清理。清理墙面上浮灰、污物。打凿补平墙面，浇水湿润基层。

2）找规矩。外墙抹灰和内墙抹灰一样要做灰饼和冲筋，但因外墙面从檐口到地面，整体抹灰面大，门窗、阳台、明柱、腰线等都要横平竖直，而抹灰擦做则必须自上而下一步架一步架地涂抹。因此，外墙抹灰找规矩要找四个大角，先挂好垂直通线（多层及高层楼房应用钢丝线垂下），然后大致确定抹灰厚度。

3）在每步架大角两侧弹上控制线，再拉水平通线并弹水平线做灰饼，树脂每步架都做一个灰饼，然后再做冲筋。

4）贴分格条。为避免罩面砂浆收缩后产生裂缝，一般均须设分格线，粘贴分格条。粘贴分格条在底层抹灰后进行（底层灰用刮尺赶平）。按已弹好的分格线和分格尺寸弹好分格线，水平分格条一般贴在水平线下边，水准分格条贴于垂直线的左侧。分格条使用前要用水浸透，以防止使用时变形。粘贴时，分格条两侧用抹成八字形的水泥浆固定。

5）抹灰（底层、中层、面层）。与内墙抹灰要求相同。

6）滴水线（槽）外墙抹灰时，在外窗台板、窗楣、雨篷、阳台、压顶及突出腰线等部位的上面必须做出流水坡度，下面应做滴水线或滴水槽。

7）清理。与内墙抹灰要求相同。

29. 木门窗安装施工工艺包括哪些内容？

答：木门窗安装施工工艺流程如下：

放线→安框→填缝、抹面→门窗扇安装→安装五金配件。

门窗框的安装分为先立口和后塞口两种。

（1）先立口就是先立好门窗框，再砌门窗框两边的墙。立框时应先在地面和砌好的墙上划出门窗框的中线及边线，然后按线把门窗框立上，用临时支撑撑牢，并校正门窗框的垂直和上下槛的水平。内门框应注意下槛"锯口"以下是否满足地面做法的厚度。立框时应注意门窗的开启方向和墙壁的抹灰厚度。立框要检查木砖的数量和位置，门窗框和木砖要钉牢，钉帽要砸扁，使之钉入口内，但不得有锤痕。

（2）后塞口是在砌墙时留出门窗洞口，待结构完成后，再把门窗框塞定洞口固定。这种方法施工方便，工序无交叉，门窗框不易变形、走动。采用后塞法施工时，门窗洞口尺寸每边要比门框尺寸每边大20mm。门窗框塞入后，先用木楔临时固定，靠、吊校正无误后，用钉子将门窗框固定在洞口预留木砖上。门窗框与洞口之间的缝隙用1：3水泥砂浆塞严。

（3）门扇的安装。

门扇安装前，应先检查门窗框是否偏斜，门窗扇是否扭曲。安装时先要量出门窗洞口尺寸，根据其大小修刨门窗扇，扇两边同时修刨，先刨平下冒头，以此为准再修刨上冒头，修刨时注意风缝大小，一般门窗扇的对口处及扇与框之间的风缝需留2mm左右。门窗扇的安装，应使冒头、窗芯呈水平，双扇门窗的冒头要对齐，开关灵活，不能有自开、自关的现象。

（4）安装门扇五金。

按扇高的1/8～1/10（一般上留扇高1/10，下留扇高的1/8）在框上根据合页的大小画线，剔除合页槽，槽底要平，槽深要与合页厚度相适应，门插销应装在门拉手下面。安装窗钩的位置，应使开启后窗扇距墙20mm为宜。

门窗安装的允许偏差和留缝宽度应符合有关技术规程的要求。

30. 铝合金门窗安装施工工艺包括哪些内容？

答：铝合金门窗安装入洞口应横平竖直，外框与洞口弹性连接牢固，不得将门窗外框直接埋入墙体。

（1）安装工艺流程

放线→安框→填缝、抹面→门窗扇安装→安装五金配件。

（2）安装要点

铝合金门窗安装必须先预留洞口，严禁采取边安装、边砌墙或先安装、后砌墙的施工方法。

1）放线。按设计要求在门窗洞口弹出门窗位置线，并注意同一立面的窗在水平及竖直方向做到整齐一致，还要注意室内地面的标高。地弹簧的表面，应该与室内地面标高一致。

2）安框。在安装制作好的铝合金门窗框时，吊垂线后要卡方。待两条对角线的长度相等，表面垂直后，将框临时固定，待检查立面垂直、左右、上下位置符合要求后，再把镀锌锚固板固定在结构上。镀锌锚固板是铝合金门窗固定的连接件。它的一端固定在门窗框上的外侧，另一端固定在密实的基层上。门窗框的固定可以采用焊接、膨胀螺栓连接或射钉等方式，但砖墙严禁用射钉固定。

3）填缝、抹面。铝合金门窗框在填缝前，经过平整、垂直度等的安装质量复查后，再将框四周清扫干净，洒水湿润基层。对于较宽的窗框，仅靠内外挤灰是不能填饱满的，应专门计算填缝。填缝所用的材料，原则上按设计要求选用。但不论采用何种材料，以达到密实、防水的目的。铝合金门窗框四周用的灰砂浆达到一定强度后（一般需要24h），才能轻轻取下框旁的木楔，继续补灰，然后才能抹面层、压平抹光。

4）门窗扇安装：

① 铝合金门窗扇安装，应在室内外装饰基本完成后进行。

② 推拉门窗扇的安装。将配好的门窗栓分内扇和外扇，先将外扇插入上滑道的外槽内，自然下落于下滑道的外滑道内，然后再用同样的方法安装内扇。

③ 对于可调导向轮，应在门窗栓安装后调整导向轮，调解门窗扇在滑道上的高度，并使门窗扇与边框间平行。

④ 平行门窗扇安装。首先，应把合页按要求位置固定在铝合金门窗框上；然后，将门窗扇嵌入框内临时固定，调整合适后再将门窗扇固定在合页上，必须保证上、下两个转动部分在同一个轴线上。

⑤ 地弹簧门窗扇安装。应先将地弹簧门主机埋设在地面上并浇筑混凝土使其固定。主机轴应与中横档上的顶轴在同一垂线上，主机表面与地面齐平，待混凝土达到设计强度后，调节上门顶轴将门扇安装，最后调整门扇间隙及门扇开启速度。

5）安装五金配件。五金件装配的原则是：要有足够的强度、位置正确，满足各项功能以及便于更换，五金件的安装位置必须严格按照标准执行。

31. 塑钢彩板门窗安装施工工艺包括哪些内容？

答：（1）安装工艺流程

画线定位→塑钢门窗披水安装→防腐处理→塑钢门窗安装→嵌门窗四缝→门窗扇及玻璃的安装→安装五金配件。

（2）安装要点

1）画线定位

① 根据设计图纸中门窗的安装位置、尺寸和标高，依据门窗中线向两边量出门窗边线。多层或高层建筑时，以顶层门框边线为准，用线坠或经纬仪将门窗框边线下引，并在各层门窗口处画线标记，对个别不直的边应剔凿处理。

② 门窗的水平位置应以楼层室内+50cm的水平线为准向上量出窗下皮标高，弹线找直，每一层必须保持窗下皮标高一致。

2）塑钢门窗披水安装

按施工图纸要求将披水固定在塑钢门窗上，并且要保证位置准确、安装牢固。

3）防腐处理

① 门窗框四周外表面的防腐处理设计有要求时，按设计要求处理。如果设计没有要求时，可涂刷防腐涂料或粘贴塑料薄膜进行保护，以免水泥砂浆直接与塑钢门窗表面接触，产生电化反应，腐蚀塑钢门窗。

② 安装塑钢门窗时，如果采用连接铁件固定，则连接铁件、固定件等安装用金属零件最好用不锈钢；否则，必须采取防腐处理，以免产生电化反应，腐蚀塑钢门窗。

4）塑钢门窗安装

根据画好的门窗定位线，安装塑钢门窗框。并且及时调整好门框水平、垂直及对角线长度等符合质量标准，然后用木楔临时固定。

5）塑钢门窗固定

① 当墙体上有预埋铁件时，可直接把塑钢门窗的铁脚直接与墙体上的预埋件焊牢。

② 当墙体上没有预埋铁件时，可用射钉将塑钢门窗上的铁脚固定在墙体上。

③ 当墙体上没有预埋铁件时，也可将金属膨胀螺栓或塑料膨胀螺栓用射钉枪把塑钢门窗上的铁脚固定在墙体上。

④ 当墙体上没有预埋铁件时，也可用电钻在墙上打 80mm 深、直径为 6mm 的孔，用直径 6mm 的钢筋，一端粘涂 108 胶水泥浆，然后打入孔中。待 108 胶水泥浆终凝后，再将塑钢门窗的铁脚与预埋的直径 6mm 的钢筋焊牢。

6）门窗框与墙体间缝隙的处理

① 塑钢门窗安装固定后应首先进行隐蔽工程验收，合格后，及时按设计要求处理门窗框与墙体之间的缝隙。

② 如果设计未要求时，可采用矿棉或玻璃棉毡条分层填塞缝隙，外表面留 5～8mm 深槽口填嵌嵌缝油膏，或在门框四周外表面进行防腐处理后，嵌填水泥砂浆或细石混凝土。

7）门窗扇及玻璃的安装

① 门窗框及玻璃应在洞口墙体表面装饰完成后安装。

② 推拉门窗在门窗框安装固定后，将配好玻璃的门窗扇整体安入框内滑道，调整好框与扇的间隙即可。

③ 平开门窗在框与扇格架组装上墙、安装固定好后再安玻璃，即先调好框与扇的间隙，再将玻璃安入扇并调整好位置，最终镶嵌密封条，填嵌密封胶。

④ 地弹簧门应在门框及地弹簧主机入地固定后，再安门扇。首先，将玻璃嵌入扇格玻璃架并一起入框就位，调整好框扇缝隙；最后，填嵌门窗四周的密封条及密封胶。

8）安装五金配件

五金配件与门框连接需要用镀锌螺钉。安装的五金配件应结实、牢靠，使用灵活。

32. 玻璃地弹门安装施工工艺包括哪些内容？

答：（1）安装工艺

画线定位→倒角处理→固定钢化玻璃→注玻璃胶封口→活动玻璃门扇安装→清理

（2）安装要点

1）画线定位

根据设计图纸中门窗的安装位置、尺寸和标高，依据门窗中线向两边量出门窗边线。多层或高层建筑时，以顶层门框边线为准，用线坠或经纬仪将门窗框边线下引，并在各层门窗口处画线标记，对个别不直的边应剔凿处理。

2）倒角处理

用玻璃磨边机给玻璃边缘打磨。

3）固定钢化玻璃

用玻璃吸盘器把玻璃吸紧，然后手握吸盘器把玻璃板抬起，抬起时应有 2～3 人同时进行。抬起后的玻璃板应首先入门框顶部的限位槽内，然后放到底托上，并对好安装位置，使玻璃板的边部正好封住侧框柱的不锈钢饰面对缝口。

4）注玻璃胶封口

注玻璃胶的封口，应从缝隙的端头开始。操作的要领是握紧压柄，用力要均匀，同时顺着缝隙移动的速度也要均匀，即随着玻璃胶的挤出，匀速移动注口，使玻璃胶在缝隙处形成一条表面均匀的直线；最后，用塑料胶片割去多余的玻璃胶，并用干净布擦去胶迹。

5）玻璃板之间的对接

玻璃对接时，对接缝应留 2～3mm 的距离，玻璃边需倒角。两块相连的玻璃定位并固定后，用玻璃胶注入缝隙中，注满后用塑料片在玻璃的两面割去多余的玻璃胶，用干净布擦去胶迹。

6）活动玻璃门扇安装

活动玻璃门扇的结构没有门扇框。活动门扇的开闭是用地弹簧来实现，地弹簧与门扇的金属上下横档铰接。地弹簧的安装方法与铝合金门相同。

① 地弹簧转轴与定位销的中线必须在一条垂直线上。测量是否同轴线的方法可用垂线法。

② 在门扇的上下横档内侧画线，并按线固定转动轴销的销孔板和地弹簧的转动轴连接板，安装时可参考地弹簧所附的说明。

③ 钢化玻璃应倒角处理，并打好安装门把手的孔洞，通常在买钢化玻璃时，就要求加工好。注意钢化玻璃的高度尺寸，应包括插入上下横档的安装部分。通过钢化玻璃的裁切尺寸，应小于测量尺寸 5mm 左右，以便调节。

④ 把上下横档分别装在玻璃地弹门扇上下边，并进行门扇高度的测量。如果门扇高度不够，可向上下横档内的玻璃底下垫木夹板条；如果门扇高度超过安装尺寸，则需请专业玻璃工裁去玻璃地弹簧门扇的多余部分。

⑤ 在定好高度后，进行固定上下横档操作。在钢化玻璃与金属横档内的两侧空隙处，两边同时插入小木条，并轻轻敲入其中；然后，在小木条、钢化玻璃横档之间的缝隙中注入玻璃胶。

⑥ 门扇定位安装。门扇下横档内的转动销连接件的孔位必须对准套入地弹簧的转动销轴上，门框横梁上定位销必须插入门扇上横档转动销连接件孔内 15mm 左右。

⑦ 安装玻璃门拉手应注意。拉手的连接部位，插入玻璃门拉手孔时不能太紧，应略有松动。如果过松，可以在插入部分裹上软质胶带。安装前，在拉手插入部分涂少许玻璃胶。拉手组装时，其根部与玻璃贴靠紧密后，再上紧固定螺钉，以保证拉手没有丝毫松动现象。

33. 陶瓷地砖楼地面铺设施工工艺包括哪些内容？

答：（1）施工工艺流程

基层处理（抹找平层）→弹线找规矩→做灰饼、冲筋→试拼→铺贴地砖→压平、拔缝→铺贴踢脚线。

（2）施工要点

1）基层处理要点同砂浆楼地面的做法。

2）弹线找规矩根据设计确定的地面标高进行抄平、弹线，在四周墙上弹 50 线。

3）做灰饼、冲筋。根据中心点在地面四周每隔 1500mm 左右拉垂直的纵横十字线数条，并用半硬性水泥砂浆按 1500mm 左右做一个灰饼，灰饼高度必须与找平层在同一水平面纵横灰饼相连成标筋作为铺贴地砖的依据。

4）试拼。铺贴前根据分格线确定地砖的铺贴顺序和标准块的位置并试拼，检查图案、颜色及纹理的方向及效果，试拼后按顺序排列、编号，浸水备用。

5）铺贴地砖。根据地砖尺寸的大小，分湿贴法和干贴法两种。

① 湿贴法。主要用于小尺寸地砖（常用于 400mm×400mm 以下）的铺贴。它是用 1：2 水泥砂浆摊铺在地砖背面，将其镶铺在找平层上。同时，用橡胶锤轻轻敲击砖表面，使其与地面粘贴牢靠，以防止出现空鼓和裂缝。铺贴时，如果室内地面的整体水平标高相差 40mm，需用 1：2 的半硬性水泥砂浆铺找平层，边铺边用木方刮平、拍实，以保证地面的平整度；然后，按地面纵横十字标筋在找平层上通铺一行地砖作为基准板，再沿基准板的两边进行大面积的铺贴。

② 干贴法。此方法主要适用于大尺寸地砖（500mm×500mm 以上）的铺贴。首先，在地面用 1：3 的干硬性水泥砂浆铺一层厚度 20～50mm 的垫层，干硬性水泥砂浆的密度大、收缩性小，以手捏成团、松手即散为好。找平层的砂浆应采用虚铺方式，即把干硬性水泥砂浆均匀铺在地面上，不可压实；然后，将纯水泥砂浆刮在地砖背面，按地面十字筋通铺一行地砖与水泥砂浆上作为基准板，再沿基准板的临边进行大面积铺贴。

6）压平、拔缝。镶贴时，要边铺边用水平尺检查地砖的平整度，同时拉线检查缝格的平直度；如超出规定应立即修整，将缝拔直，并用橡皮锤拍实，使纵横线之间的宽窄一致、笔直通顺，板面也应平整一致。

7）镶贴踢脚线。待地砖完全凝固硬化后，可在墙面与地砖交接处安装踢脚板。踢脚板一般采用与地面块材同品质、同颜色的材料。踢脚板的立缝应与地面缝对齐，厚度和高度应符合设计要求。铺完砖 24h 后洒水养护，时间不少于 7d。

34. 木地面铺设施工工艺包括哪些内容？

答：工程中木地板施工常用的方法为实铺式，实铺式木地板施工又有搁栅式与粘贴式两种。

（1）施工工艺流程

1）搁栅式。基层清理→弹线定位→安装木搁栅→铺毛地板→铺面层地板→打磨→安装踢脚板→油漆→打蜡。

2）粘贴式。清理基层→弹线→刷胶粘剂→铺贴地板→打磨→安装踢脚板→油漆→打蜡。

（2）施工要点

1）搁栅式

① 基层清理。将基层清理干净，并做好防潮、防腐处理。

② 弹线定位。先在地面按设计规定弹出木搁栅龙骨的位置线，在墙面上弹出 50 标高线。

③ 安装木搁栅。将木搁栅按位置线固定铺设在地面上，在安装搁栅过程中边紧固、边调整找平。找平后的木搁栅用斜钉和垫木钉牢。木搁栅与地面间隙用干硬性水泥砂浆找平，与搁栅接触处做防腐处理。在集体装修中木搁栅可采用 30mm×40mm 木方，间距为 400mm。为增强整体性，搁栅之间应设横撑，间距为 1200～1500mm。为提高减振性和整体弹性，还可以加设橡胶垫。为改善吸声和保湿效果，可在龙骨下的空隙内填充一些轻质材料。

④ 铺毛地板。在木搁栅顶面上弹出 300mm 或 400mm 的铺钉线，将毛地板条逐块用扁钉钉牢，错缝铺钉在木搁栅上。铺钉好的毛地板要检查其表面的水平度和平整度，不平处可以刨削平整。毛地板也可用整张的细木工板或中密度板。采用整张毛板时应在板上开槽，槽深度为板厚的 1/3，方向与搁栅垂直，间距 200mm 左右。

⑤ 铺面层地板。将毛地板清扫干净，在表面弹出条形地板铺钉线。一般由中间向外边铺钉，线按线铺钉一块合格后逐渐展开。板条之间要靠紧，接头要错开应在凸榫边用扁头钉斜向钉入板内，靠边留 10～20mm 空隙。铺完后要检查水平度与平整度，用平刨子或机械刨刨光。刨削时要避免产生划痕，最后用磨光机磨光。如使用已涂饰的木地板，铺钉完即可。

⑥ 安装踢脚板。在墙面和地面弹出踢脚板高度、厚度线，将踢脚板钉在墙内木砖或木楔上。踢脚板接头锯成 45°斜口搭接。

⑦ 油漆、打蜡。对于原木地板还需要刮腻子、打脚、涂刷、打蜡、磨光等表面处理。

2）粘贴式

① 清理基层。先清理地面浮灰、杂质等。地面含水率不得大于 16%，水平面误差不大于 4mm；不允许有空鼓、起砂，不符合要求时需进行局部修正或刮水泥胶浆。

② 弹线。中心线与之相交的十字线应分别引入各房间作为控制要点；中心线和相交的十字形必须垂直，控制线须平行中心线或十字线；控制线的数量应根据空间大小、铺贴人员水平高低来确定，中心线应在试铺的情况下统筹各铺贴房间的几何尺寸后确定。

③ 刷胶粘剂。在清洁的地面上用锯齿形的刮板均匀刮一遍胶，面积为 1m² 以内，然后用铲刀涂胶在木地板粘接面上，特别是凹槽内上胶要饱满，胶的厚度要控制在 1～1.2mm。

④ 铺贴地板。按图案要求进行铺贴，并需用力挤出多余胶

液，板面上胶液应及时清理干净。隔天铺贴的交接面上的胶需当天清理，以保证隔天交接面严密。

⑤ 打磨。待地板固化后（固化时间为 24～72h），刨去地板高出部分，然后进行打磨，并用 2m 直尺检查平整度。控制要求：平整度 2mm（2m），无刨痕、毛刺，表面光洁。

⑥ 安装踢脚板。与搁栅式的相同。

⑦ 油漆、打蜡。与搁栅式的相同。

35. 轻钢龙骨吊顶施工工艺包括哪些内容？

答：（1）工艺流程

弹线→吊杆安装→安装主龙骨→安装次龙骨→安装面板（安装灯具）→嵌缝处理。

（2）施工要点

1）弹线。弹线包括：顶棚标高线、造型位置线、吊挂点位置、大中型灯位线等。

2）吊杆安装。主要是进行吊杆固定件的安装。

3）主龙骨安装。①安装。将主龙骨与吊杆通过垂直吊挂件连接。②调平。在主龙骨与吊件及吊杆安装就位后，以一个房间为单位调平、调直。

4）次龙骨安装。①安装次龙骨。在主龙骨与次龙骨的交叉布置点，使用期配套的龙骨挂件将两者连接固定。②安装横撑龙骨，横撑龙骨由中、小龙骨截取，其方向与次龙骨垂直装在罩面板的拼接处，地面与次龙骨平整。③固定墙边龙骨。墙边龙骨沿墙面或柱面标高线钉牢。

5）面板安装：

面板常有明装、暗装和半隐装三种安装方式。

明装是指面板直接搁置在丁形龙骨两翼上，纵横丁形龙骨架均外露；暗装是指面板安装后骨架不外露；半隐装是指面板安装后外露部分骨架。

面板安装中应注意工种间的配合，避免返工拆装损坏龙骨、板材及吊顶上的风口、灯具。安装完成后，要对龙骨及板面做最后调整，以保证平直。

6）嵌缝处理：

① 嵌缝材料。嵌缝时采用石膏腻子和穿孔纸带或网格胶带，嵌填钉孔则用石膏腻子。

② 嵌缝施工。整个吊顶面的纸面石膏板铺钉完成后，应进行嵌缝施工，用石膏腻子嵌平，并将所有的自攻螺钉的钉头作防锈处理。

36. 铝合金龙骨吊顶施工工艺包括哪些内容？

答：（1）工艺流程

弹线→固定吊杆→安装主、次龙骨→灯具安装→面板安装→压条安装→板缝处理。

（2）施工要点

1）弹线

① 将设计标高线弹至四周墙面或柱面上，吊顶如有不同标高，则应将变截面的位置在楼板上弹出。

② 将龙骨及吊点位置弹到楼板底面上。

2）固定吊杆

① 双层龙骨吊顶时，吊杆常用 HPB300 级直径 6mm 或 8mm 的钢筋。

② 方板、条板单层龙骨吊顶时，吊杆一般分别用 8 号铁丝和 $\phi6$ 钢筋。

3）主、次龙骨安装与调平

① 主、次龙骨安装时宜从同一方向同时安装，按主龙骨已确定的位置及标高线，先将其大致基本就位。

② 龙骨接长一般选用配套连接件，连接件可用铝合金，也可用镀锌钢板，在其表面冲成倒刺，与龙骨方孔相连。

③ 龙骨架基本就位后，以纵横两个方向满拉控制标高线（十字线），从一端开始边安装边进行调整，直至龙骨调平、调直

为止。

④ 钉固墙边龙骨。沿标高线固定角铝墙边龙骨，其底面与标高线齐平。

4）面板安装。面板通常有方形金属板和条形金属板两种。

① 方形金属板搁置式安装。搁置安装后的吊顶面形成格子式离缝效果。

② 方形金属板卡入式安装。这种安装方式的龙骨材料为带夹簧的嵌龙骨配套型材。

条形金属板的安装，基本上无需各种连接件，只是直接将条形板卡扣在特制的条龙骨内，即可完成安装，常被称为扣板。板缝处理，通常条形金属板吊顶需做板缝处理，有闭缝和透缝两种形式，使用其配套嵌条。安装嵌条的为闭缝式，不安装嵌条的为透缝式。两种板缝处理均要求吊顶面板平整、板缝顺直。

第五节　工程项目管理

1. 施工项目管理的内容有哪些？

答：施工项目管理的内容包括如下几个方面。

（1）建立施工项目管理组织

①由企业采用适当的方式选聘称职的项目经理。②根据施工项目组织原则，采用适当的组织方式，组建施工项目管理机构，明确责任、权限和义务。③在遵守企业规章制度的前提下，根据施工管理的需要，制定施工项目管理制度。

（2）编制项目施工管理规划

施工项目管理规划包括如下内容：①进行工程项目分解，形成施工对象分解体系，以便确定阶段性控制目标，从局部到整体地进行施工活动和进行施工项目管理。②建立施工项目管理工作体系，绘制施工项目管理工作体系图和施工项目管理工作信息流程图。③编制施工管理规划，确定管理点，形成文件，以利执行。

（3）进行施工项目的目标控制

实现各项目标是施工管理的目的所在。施工项目的控制目标有进度控制目标、质量控制目标、成本控制目标、安全控制目标等。

（4）对施工项目施工现场的生产要素进行优化配置和动态管理

生产要素管理的内容包括：①分析各项生产要素的特点。②按照一定的原则、方法对施工项目生产要素进行优化配置，并对配置状况进行评价。③对施工项目的各项生产要素进行动态管理。

（5）施工项目的合同管理

在市场经济条件下，合同管理是施工项目管理的主要内容，是企业实现项目工程施工目标的主要途径。依法经营的重要组成部分就是按施工合同约定履行义务、承担责任、享有权利。

（6）施工项目的信息管理

施工项目信息管理是一项复杂的现代化管理活动，施工的目标控制、动态管理更要依靠大量的信息及大量的信息管理来实现。

（7）组织协调

组织协调是指以一定的组织形式、手段和方法，对项目管理中产生的关系不畅进行疏通，对产生的干扰和障碍予以排除的活动。协调与控制的最终目标是确保项目施工目标的实现。

2. 施工项目管理的组织任务有哪些？

答：施工项目管理的组织任务主要包括：

（1）合同管理

通过行之有效的合同管理来实现项目施工的目标。

（2）组织协调

组织协调是管理的技能和艺术，也是实现项目目标不可缺少的方法和手段。它包括与外部环境之间的协调，项目参与单位之间的协调和项目参与单位内部的协调三种类型。

（3）目标控制

施工项目目标控制是施工项目管理的重要职能，它是指项目管理人员在不断变化的动态环境中未确保既定规划目标的实现而进行的一系列检查和调整活动。其任务是在项目施工阶段采用计划、组织、协调手段，从组织、技术、经济、合同等方面采取措施，确保项目目标的实现。

（4）分险管理

风险管理是一个确定和度量项目风险及制定、选择和管理风险应对方案的过程。其目的是通过风险分析减少项目施工过程中的不确定因素，使决策更科学，保证项目的顺利实施，更好地实现项目的质量、进度和投资目标。

（5）信息管理

信息管理是施工项目管理中的基础性工作之一，是实现项目目标控制的保证。它是对施工项目的各类信息收集、储存、加工整理、传递及使用等一系列工作的总称。

（6）环境保护

环境保护是施工企业项目管理的重要内容，是项目目标的重要组成部分。

3. 施工项目目标控制的任务包括哪些内容？

答：施工项目包括成本目标、进度目标和质量目标三大目标。目标控制的任务包括使工程项目不超过合同约定的成本额度；保证在没有特殊事件发生和不改变成本投入、不降低质量标准的情况下按期完成；在投资不增加、工期不变化的情况下，按合同约定的质量目标完成工程项目施工任务。

4. 施工资源管理的内容有哪些？

答：施工项目资源，也称施工项目生产要素，是指投入施工项目的劳动力、材料、机械设备、技术和资金等因素，它是施工项目管理的基本要素。施工项目管理实际上就是根据施工项目的目标、特点、施工条件，通过对生产要素有效及有序的组织和管理项目，并实现最终目标。施工项目的计划和控制的各项工作最终都要落实到生产要素管理上。生产要素的管理对施工项目的质量、成本、进度和安全管理都有重要影响。

施工项目资源管理的内容包括以下几个方面：

（1）劳动力。施工项目中的劳动力，关键在使用，使用的关键在提高效率，提高效率的关键是如何调动职工的积极性，调动积极性的最有效途径是加强思想教育工作和利用行为科学的原理，从劳动力个人需要与行为的关系的观点出发，进行恰当的激励。

（2）材料。建筑施工现场使用的材料按其在生产中的作用可以分为主要材料、辅助材料、其他材料三类。施工项目材料管理的重点在现场、在使用、在节约、在核算。

（3）机械设备。施工项目的机械设备，主要是指作为大型工具使用的大、中、小型机械，既是固定资产，又是劳动手段。它的管理环节包括选择、使用、保养、维护、改造、更新。其关键在使用，使用的关键是提高机械效率，提高机械效率必须提高利用率和完好率。利用率的提高依靠人，完好率的提高在于保养与维修。

（4）技术。技术管理的四项任务是：①正确贯彻国家和行政主管部门的技术政策，贯彻上级对技术工作的指示与决定；②研究、认识和利用技术规律，科学地组织各项技术工作，充分发挥技术的作用；③确立正常的生产技术秩序，进行文明施工，以技术保证工程质量；④努力提高技术工作的经济效果，使技术与经济有机地结合。

（5）资金。工程项目的资金是一种特殊的资源，是获得其他资源的基础，是所有项目活动的基础。资金管理有以下环节：编制资金计划，筹集资金，投入资金，使用资金，资金核算与分析。其重点是收入与支出问题。收支之差涉及核算、筹资、贷款、利息、利润、税收等问题。

5. 施工资源管理的任务有哪些？

答：施工资源管理的任务有以下几个方面：

（1）确定资源类型及数量。具体包括：①确定项目施工所需的各层次管理人员和各工种工人的数量；②确定项目施工所需的各种资源的品种、类型、规格和相应的数量；③确定项目施工所需的各种施工设施的定量需求；④确定项目所需的各种来源的资金的数量。

（2）确定资源的分布计划。包括编制人员需求分配计划、编制物资需求分配计划、编制施工设备和设施需求分配计划、编制资金需求分配计划。在各项计划中，明确各种资源的需求在时间上的分配，以及相应的子项目或工程部位上的分配。

（3）编制资源进度计划。它是按时间的供应计划，应重视项目对施工资源的需求情况和施工资源的供应条件而确定编制哪种资源进度计划。编制资源进度计划能合理地考虑施工资源的运用，这将有利于提高施工质量，降低施工成本，加快施工进度。

（4）施工资源进度计划的执行和动态调整。施工项目施工资源管理不能仅停留在确定和编制上述计划，在施工开始前和在施工过程中应落实和执行所编的有关资源管理的计划，并需要根据工程实际情况动态调整。

6. 施工项目目标控制的措施有哪些？

答：施工项目目标控制的措施有组织措施、技术措施、经济措施等。

（1）组织措施是指施工任务承包企业通过建立施工项目管理组织，建立健全施工项目管理制度，健全施工项目管理机构，进行确切和有效的组织和人员分工，通过合理的资源配置作为施工项目目标实现的基础性措施。

（2）技术措施是指施工管理组织通过一定的技术手段，对施

128

工过程中的各项任务通过合理划分，通过施工组织设计和施工进度计划安排，通过技术交底、工序检查指导、验收评定等手段，确保施工任务实现的措施。

（3）经济措施是指施工管理组织通过一定程序对施工项目的各项经济投入的手段和措施。包括各种技术准备的投入、施工设施的投入、涉及管理人员施工操作人员的工资、奖金和福利待遇的提高等各种与项目施工有关的经济投入措施。

7. 施工现场管理的任务和内容各有哪些？

答：施工现场管理分为施工准备阶段的工作和施工阶段的工作两个不同阶段的管理工作。

（1）施工准备阶段的管理工作

它主要包括拆迁安置、清理障碍、平整场地、修建临时设施，架设临时供电线路、接通临时用水管线、组织材料机具进场，施工队伍进场安排等工作。这些工作虽然比较零碎，但头绪很多，需要协调和管理的组织层次和范围比较广，是对项目管理组织的一个考验。

（2）施工阶段的现场管理工作

此阶段现场管理工作头绪更多，施工参与各方人员的管理和协调，设备和器具，材料和零配件，生产运输车辆，地面、空间等都是现场管理的对象。为了有效进行现场管理，根本的一条就是要根据施工组织设计确定的现场平面进行布置图，需要调整变动时需要首先申请、协商、得到批准后方可变动，不能擅自变动，以免引起各部分主体之间的矛盾，以免造成违反消防安全、环境保护等方面的问题，造成不必要的麻烦和损失。

对于节电、节水、用电安全、修建临时厕所及卫生设施等方面的管理工作，最好列入合同附则，有明确约定，以便能有效地进行管理，以在安全、文明、卫生的条件下实现施工管理目标。

第二章 基 础 知 识

第一节 建 筑 力 学

1. 力、力矩、力偶的基本性质有哪些?

答：（1）力

1）力的概念。力是物体之间相互的机械作用，这种作用的效果是使物体的运动状态发生改变，或者是物体发生变形。

2）力的三要素。力的大小、方向和作用点。

3）静力学公理。①作用力与反作用力公理；两个物体之间的作用力和反作用力，总是大小相等，方向相反，沿同一直线，并分别作用在这两个物体上。②二力平衡公理：作用在同一物体上的两个力，使物体平衡的必要和充分条件是，这两个力大小相等，方向相反且作用在同一直线上。③加减平衡力系公理：作用于刚体上的力可以沿其作用线移到刚体内的任意点，而不改变原力对刚体的作用效应。根据力的可传性原理，力对刚体的作用效应与力的作用点在作用线的位置无关。加减平衡力系公理和力的可传性原理都只适用于刚体。

（2）力偶

1）力偶的概念。把作用在同一物体上大小相等、方向相反但不共线的一对平行力组成的力系称为力偶，记为（F，F'）。力偶中两个力的作用线间的距离 d 称为力偶臂。两个力所在的平面称为力偶的作用面。

2）力偶矩。用力和力偶臂的乘积再加上适当的正负号所得的物理量称之为力偶，记作 $M(F, F')$ 或 M，即：

$$M(F, F') = \pm Fd$$

力偶正负号的规定：力偶正负号表示力偶的转向其规定与力

矩相同。即力偶使物体逆时针转动则力偶为正；反之，为负。力偶矩的单位与力矩的单位相同。力偶矩的三要素：力偶矩的大小、转向和力偶的作用面的方位。

3）力偶的性质。力偶的性质包括：①力偶无合力，不能与一个力平衡或等效，力偶只能用力偶来平衡。力偶在任意轴上的投影等于零。②力偶对于其平面内任意点之矩，恒等于其力偶矩，而与矩心的位置无关。凡是三要素相同的力偶，彼此相同，可以互相代替。力偶对物体的作用效应是转动。

（3）力偶系

1）力偶系的概念。作用在同一物体上的力偶组成一个力偶系，若力偶系的各力偶均作用在同一平面，则称为平面力偶系。

2）力偶系的合成。平面力偶系合成的结果为一合力偶，其合力偶矩等于各分力偶矩的代数和。即：

$$M = M_1 + M_2 + \cdots M_n = \Sigma M_i$$

（4）力矩

1）力矩的概念。将力 F 与转动中心点到力 F 作用线的垂直距离的乘积 Fd 并加上表示转动方向的正负号，称为力 F 对 o 点的力矩，用 $M_o(F)$ 表示，即：

$$M_o(F) = \pm Fd$$

正负号的规定与力偶的规定相同。

2）合力矩定理

合力对平面内任意一点之矩，等于所有分力对同一点之矩的代数和。即：

$$F = F_1 + F_2 + \cdots F_n$$

则

$$M_o(F) = M_o(F_1) + M_o(F_2) + \cdots M_o(F_n)$$

2. 平面力系的平衡方程有哪几个？

答：（1）力系的概念

凡各力的作用线都在同一平面内的力系，称为平面力系。在平面力系中，各力的作用线均汇交于一点的力系，称为**平面汇交力系**；各力作用线互相平行的力系，称为平面平行力系；各力的作用线既不完全平行也不完全汇交的力系，称为平面一般力系。

（2）力在坐标轴上的投影

力在两个坐标轴上的投影、力的数值、力与 x 轴的夹角分别如下各式所示。

$$F_x = F\cos\alpha$$

$$F_y = F\sin\alpha$$

$$F = \sqrt{F_x^2 + F_y^2}$$

$$\alpha = \arctan\left|\frac{F_y}{F_x}\right|$$

（3）平面汇交力系的平衡方程

平面一般力系的平衡条件：平面一般力系中各力在两个任选的直角坐标系上的投影代数和分别等于零，各力对任一点之矩的代数和也等于零。用数学公式表达为：

$$\Sigma F_x = 0$$

$$\Sigma F_y = 0$$

$$\Sigma m_o(F) = 0$$

此外，平面一般力系平衡方程还可以表示为二矩式和三力矩式。它们各自平衡的方程组分别如下：

二矩式：

$$\Sigma F_x = 0$$

$$\Sigma m_A(F) = 0$$

$$\Sigma m_B(F) = 0$$

三力矩式：

$$\Sigma F_x = 0$$

$$\Sigma m_A(F) = 0$$

$$\Sigma m_C(F) = 0$$

（4）平面力偶系

在物体的某一平面内同时作用有两个或两个以上的力偶时，

132

这群力偶就称为平面力偶系。由于力偶在坐标轴上的投影恒等于零，因此，平面力偶系的平衡条件为：平面力偶系中各力偶的代数和等于零。即：

$$\Sigma M = 0$$

3. 单跨静定梁的内力计算方法和步骤各有哪些？

答：静定结构在几何特性上是无多余联系的几何不变体系，在静力特征上仅由静力平衡条件可求全部反力内力。

（1）单跨静定梁的受力

静定结构只在荷载作用下才产生反力、内力；反力和内力只与结构的尺寸、几何形状等有关，而与构件截面尺寸、形状、材料无关，且支座沉陷、温度变化、制造误差等均不会产生内力，只产生位移。

1）单跨静定梁的形式

以轴线变弯为主要特征的变形形式称为弯曲变形或简称弯曲。易弯曲为主要变形的杆件称为梁。单跨静定梁的包括单跨简支、伸臂梁（一端伸臂或两端伸臂）和悬臂梁。

2）静定梁的受力

静定梁在上部荷载作用下通常受到弯矩、剪力和支座反力的作用，对于悬臂梁支座根部为了平衡固端弯矩就需要竖直方向的支反力和水平方向的轴向力。一般梁纵向轴力对梁受力的影响不大，讨论时不予考虑。

① 弯矩。截面上应力对截面形心的力矩之和，不规定正负号，弯矩图画在杆件受拉一侧，不注符号。

② 剪力。剪力截面上应力沿杆轴法线方向的合力，使杆尾端有顺时针方向转动的趋势的为正，画剪力图要注明正负号；由力的性质可知：在刚体内，力沿其作用线滑移，其作用效应不改变。如果将力的作用线平行移动到另一位置，其作用效应将发生变化，其原因是力的转动效应与力的位置有直接的关系。

（2）用截面法计算单跨静定梁

计算单跨静定梁常用截面法其具体步骤如下：

1）根据力和力矩平衡关系求出梁端支座反力。

2）截取隔离体。从梁的左端支座开始取距支座为 x 长度的任意截面，假想将梁切开，并取左端为分离体。

3）根据分离体截面的竖向力平衡的思路求出截面剪力表达式（也称为剪力方程），将任一点的水平坐标带入剪力平衡方程，就可得到该截面的剪力。

4）根据分离体截面的弯矩平衡的思路求出截面弯矩表达式（也称为弯矩方程），将任一点的水平坐标带入剪力平衡方程，就可得到该截面的弯矩。

5）根据剪力方程和弯矩方程可以任意地绘制出梁剪力图和梁的弯矩图，以直观观察梁截面的内力分配。

4. 多跨静定梁的内力分析方法和步骤各有哪些？

答：多跨静定梁是指由若干根梁用铰相连，并用若干支座与基础相连而组成的静定结构。多跨静定梁的受力分析应按照先附属部分、后基本部分的分析顺序。分析时先计算全部反力（包括基本部分反力及连接基本部分与附属部分的铰处的约束反力），做出层叠图；然后，将多跨静定梁拆成几个单跨梁，按先附属部分后基本部分的顺序绘内力图。

5. 静定平面桁架的内力分析方法和步骤各有哪些？

答：静定平面桁架的功能和横跨的大梁相似，只是为了提供房屋建筑更大的跨度。其构成上与梁不同，内力计算也就不同。它的内力分析步骤如下。

（1）根据静力平衡条件求出支座反力。

（2）从左向右、从上而下对桁架各节点编号。

（3）从左端支座右侧的第一节间开始，用截面法将上下弦第一节间截开，按该截面各杆件到支座中心弯矩平衡求出各杆件的轴向内力。

（4）依次类推，将第二节间和第三节间截开，根据被截截面各杆件弯矩和剪力平衡的思路，求出相应节间内各杆件的轴力。

6. 杆件变形的基本形式有哪些？

答：杆件变形的基本形式有拉伸和压缩、弯曲和剪切、扭曲等。

拉伸或压缩是杆件在沿纵向轴线方向受到轴向拉力或压力后长度方向的伸长或缩短。在弹性限度内产生的伸长或缩短是与外力的大小成正比例的。

弯曲变形是杆件截面受到集中力偶或沿梁横截面方向外力作用后引起的弯曲变形。杆件的变形是曲线形式。

剪切变形是指杆件在沿横向一对力相向作用下截面受剪后产生的截面错位的变形。

扭转是指杆件受到扭矩作用后截面绕纵向型心轴产生扭转变形。

7. 什么是应力？什么是应变？在工程中怎样控制应力和应变不超过相关结构规范的规定？

答：应力是指构件在外荷载作用下，截面上单位面积内所产生的力。应变是指构件在外力作用下单位长度内的变形值。

在工程设计中应根据相应的结构进行准确的荷载计算、内力分析，根据相关设计规范的规定进行必要的强度和变形验算，使杆件的内力值和变形值不超过实际规范的规定，以满足设计要求。

8. 什么是杆件的强度？在工程中怎样应用？

答：强度是指杆件在特定受力状态下到达破坏状态时截面能够承受的最大应力。也可以简单理解为，强度就是杆件在外力作用下抵抗破坏的能力。对杆件来说，就是结构构件在规定的荷载作用下，保证不因材料强度发生破坏的要求，称为强度要求。

在进行工程设计时，针对每个不同构件，应在明确受力性质和准确内力计算基础上，根据工程设计规范的规定，通过相应的强度计算，使杆件所受到的内力不超过其强度值来保证。

9. 什么是杆件刚度和压杆稳定性？在工程中怎样应用？

答：杆件的刚度是指杆件在弹性限度范围内抵抗变形的能力。在同样荷载或内力作用下，变形小的杆件其刚度就大。为了保证杆件变形不超过规范规定的最大变形值，就需要通过改变和控制杆件的刚度来满足。换句话说，刚度概念的工程应用就是用来控制杆件的变形值。

对于梁和板，其截面刚度越大，它在上部荷载作用下产生的弯曲变形就越小，反映在变形上就是挠度小。对于一个受压构件，它的截面刚度大，它在竖向力作用下的侧移的发生和增长速度就慢，到达承载力极限时的临界荷载就大，稳定性就高。

稳定性是指构件保持原有平衡状态的能力。压杆通常是长细比比较大，承受轴向的轴心力或偏心力作用，由于杆件细长，在竖向力作用下，它自身保持原有平衡状态的能力就比较低，并且越是细长，其稳定性越差。

细长压杆的稳定承载力和临界应力可以根据欧拉临界承载力公式和临界应力公式计算确定。

工程设计中要保证受压构件不发生失稳破坏，就必须按照力学原理分析杆件受力，严格按照设计规范的规定验算和设计。

10. 什么是材料的强度？材料的常用强度指标有哪几种？

答：（1）材料的强度

材料的强度是指工程材料在特定的受力状态下达到最大承载力时单位面积上承受的应力值，简单地说，材料的强度指其抵抗破坏的能力，如受拉强度、受压强度、抗剪强度、混凝土的立方体抗压强度等。

（2）材料的强度指标

1）轴心抗拉（或抗压）强度

承受轴向拉力和压力作用的构件，在构件截面承受的设计荷载作用下产生的应力不应超过构件的抗拉强度设计值，即应满足式（2-1）的要求。

$$\sigma = \frac{N}{A} \leqslant f \tag{2-1}$$

式中　σ——在轴向拉力设计值作用下，构件截面单位面积上产生的应力设计值，单位为 N/mm²；

　　　N——构件承受的轴向力设计值，单位为牛顿（N）；

　　　A——构件横截面面积，单位为平方毫米（mm²）；

　　　f——构件所使用的工程材料的抗拉或抗压强度设计值，单位为 N/mm²。

2）抗剪强度

承受轴剪切力作用的钢结构构件，在构件截面承受的剪力设计荷载作用下产生的剪应力不应超过构件的抗剪强度设计值，即应满足式（2-2）的要求。

$$\tau = \frac{F_v}{A} \leqslant f_v \tag{2-2}$$

式中　τ——在剪力设计值作用下，构件截面单位面积上产生的剪应力设计值，单位为 N/mm²；

　　　F_v——构件承受的剪力设计值，单位为牛顿（N）；

　　　A——构件横截面面积，单位为平方毫米（mm²）；

　　　f_v——构件所使用的工程材料的抗剪强度设计值，单位为 N/mm²。

3）抗扭强度

承受扭矩作用的钢结构构件，在构件截面设计扭矩作用下，截面边缘产生的最大扭转剪应力不应超过构件的抗剪强度设计值，即应满足式（2-3）的要求。

$$\tau_{max} = \frac{T_{max}}{W_p} \leqslant f_v \tag{2-3}$$

式中　$\tau_{\max}$——在剪力设计值作用下，构件截面单位面积上产生
　　　　　　的剪应力最大值，单位为 N/mm²；

　　　$T_{\max}$——构件承受的扭矩设计值，单位为 N·mm；

　　　W_p——构件截面抗扭抵抗矩，其单位为 mm³；

　　　f_v——构件所使用的工程材料的抗剪强度设计值，单位
　　　　　　为 N/mm²。

4）抗弯强度

单一匀质材料构件在弯矩作用下，截面边缘产生的最大拉
（压）应力不应超过构件的抗拉强度设计值，即应满足式（2-4）
的要求。

$$\sigma_{\max} = \frac{My_{\max}}{I_z} = \frac{M}{W_z} \leqslant f \qquad (2-4)$$

式中　$\sigma_{\max}$——在弯矩设计值作用下，受弯构件截面上产生的弯
　　　　　　曲拉（压）应力最大值，单位为 N/mm²；

　　　M——受弯构件承受的弯矩设计值，单位为 N·mm；

　　　$y_{\max}$——从受弯构件截面形心至弯曲应力最大边缘的距离，
　　　　　　单位为 mm；

　　　I_z——受弯构件横截面绕形心轴的惯性矩，单位为 mm⁴；

　　　W_z——受弯构件横截面绕形心轴的抗弯抵抗矩，单位为
　　　　　　mm³；

　　　f——构件所使用的工程材料的抗拉（抗压）强度设计
　　　　　　值，单位为 N/mm²。

**11. 怎样进行材料的拉伸试验？它测定材料的哪些力学和
机械性能？**

答：（1）基本概念

拉伸试验是指在承受轴拉伸荷载作用下测定材料特性的试验
方法。利用拉伸试验得到的数据可以确定材料的弹性极限、伸长
率、弹性模量、比例极限、面积缩减率、拉伸强度、屈服点、屈
服强度和其他拉伸指标，材料在受力过程中各种物理性质的数

据，材料的力学性能。工程材料根据其受力变形特征，可分为脆性材料和塑性材料两大类。石材、铸铁、玻璃、混凝土等受力破坏前可产生很小变形的材料，称为脆性材料；低碳钢、合金钢、铜、铝等受力破坏前可产生较大变形的材料，称为塑性材料。

（2）低碳钢的拉伸试验

如图 2-1（a）所示，低碳钢的拉伸试验经历了明显的四个阶段。

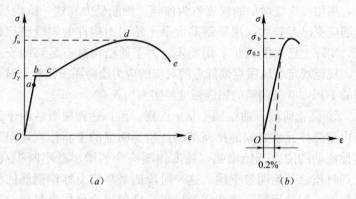

图 2-1　钢材拉伸试验图

1）应力-应变曲线

将标距（试样中间部分的工作长度）为 l 的试件两端夹在试验机上，开动试验机后缓慢对钢材施加拉力，直至被拉断为止。在实验过程中，试验机上的自动绘图设备，能绘出试件所受拉力 F 与标距内的伸长量 Δl 的关系曲线。根据试验过程，用应变和应力绘制出的曲线称为应力-应变图。

2）拉伸试验的四个阶段

① 弹性阶段。从应力-应变曲线图坐标原点 O 到曲线上的 a 点，应力和应变成正比例，施加拉力钢筋会自动伸长，卸掉拉力钢筋回缩至受拉前的状态，钢筋的这种性质称为弹性，这个阶段称作弹性阶段，a 点对应的应力值叫做钢筋的弹性极限，也可称作比例极限。这一阶段应力和应变的比值是一个常数，我们定义

这个常数为钢筋的弹性模量，用 E_s 表示。从应力-应变曲线上的 a 点到 b 点，应变增加的速度略微高于应力增加的速度，曲线的斜率有所下降，但依然处在弹性阶段，即应力卸掉应变能够完全恢复，这一段也是钢筋受力的弹性阶段。

② 屈服阶段。从曲线图上的 b 点到 c 点，钢筋应力和应变抖动变化，应力总体上不超过 b 点的值，这一阶段形象地称作屈服平台，在屈服段钢材产生塑性流动，所以这一阶段称为屈服阶段，屈服段应变增加的幅度称为流幅。钢筋受力到这一阶段后，钢筋应变已经较大，用于钢筋混凝土结构中构件的裂缝已比较宽，实际上已不能满足实用要求。为了使结构具有足够的安全性，规范规定取屈服点偏低点的对应的应力值为屈服强度。试验用的 HPB300 级钢筋的屈服强度经实测为 $300N/mm^2$。

③ 强化阶段。曲线图上从 c 点到 d 点，达到屈服后由于钢筋内部晶体元素之间的排列结构产生了明显的重新排列，阻碍塑性流动的能力开始增强，强度伴随应变的增加在不断提高，钢筋材质已开始明显变脆，这一阶段的最高应力称作钢筋的极限强度。钢筋屈服强度和它的极限强度的比值称作屈强比。屈强比是反映钢筋力学性能的一个重要指标。屈强比越小，表明钢筋用于混凝土结构中，在所受应力超过屈服强度时，仍然有比较高的强度储备，结构安全性高；但屈强比小，钢筋的利用率低。如果屈强比太大，说明钢筋利用率太高，用于结构时安全储备太小。

④ 颈缩断裂。曲线图上从 d 点到 e 点，应力到达最高点时钢筋的应变已比较大，随着应变的加大，试件的横截面上的薄弱部位直径显著变小，这个现象人们形象地比喻为颈缩，最终在 e 点时达到极限应变发生断裂。

3）硬钢的应力-应变曲线

如图 2-1（b）所示，为含碳量较高的硬钢的应力-应变曲线，它没有明显的屈服点，强度很高、断裂时应变很小，钢材的拉断具有脆性特征。

140

4）塑性指标

衡量钢材塑性的两个指标分别是延伸率和截面收缩率。

① 将拉断的试件拼在一起，断裂后的标距为 l_1 减去原标距 l 的差值，与原标距的比值的百分率，称为材料的延伸率，用符号 δ 表示。

$$\delta = \frac{l_1 - l}{l} \times 100\% \qquad (2\text{-}5)$$

低碳钢的伸缩率为 $20\% \sim 30\%$。工程中把 $\delta \leqslant 5\%$ 的材料称为脆性材料；把 $\delta \geqslant 5\%$ 的材料称为塑性材料。

② 截面收缩率

测出截面产生颈缩处截面面积 A_1，与原试件的横截面积 A 的差值，差异原试件的横截面积的百分率，称为截面的收缩率。用符号 ψ 表示。

$$\psi = \frac{A - A_1}{A} \times 100\% \qquad (2\text{-}6)$$

12. 怎样进行材料的弯曲试验？它测定材料的哪些力学和机械性能？

答：材料的弯曲试验，是测定承受弯曲荷载时的力学特性试验，是材料机械性能试验的基本方法之一。弯曲试验主要用于测定脆性和低塑性材料的抗弯强度，并能反映塑性材料的挠度，弯曲试验还可以用来检查材料的表面质量。

弯曲试验在万能材料机上进行，有三点弯曲和四点弯曲两种加荷方式。试样的截面有矩形和圆形，试验时的跨距一般为直径的 10 倍。对于脆性材料弯曲试验一般只产生少量的塑性变形即可破坏，面对于塑性材料则不能测出弯曲断裂强度。但可检验其延展性和均匀性。

钢筋的冷弯性能试验是检验钢材性能的试验。结构用钢材不仅要有较高的强度、塑性；同时，还要具有足够的冷弯性能。冷弯性能的大小反映钢材内在质量的好坏，也能反映钢材的塑性和加工性能。钢筋冷弯性能试验时取一段钢筋（标距为 $5d$ 或 $10d$），围绕直径 D（D 是钢筋直径一定倍数弯心）将钢筋弯折成 $90°$ 和 $180°$，分别观察钢筋外表面是否有纵纹、横纹或起层现象。如无上述现象，证明钢筋冷弯性能良好；反之，如果有纵纹、横纹或起层现象出现的钢筋，其性能就越差，如图2-2所示。

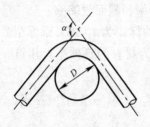

图 2-2　钢筋的冷弯

13. 怎样进行材料的剪切试验？它测定材料的哪些力学和机械性能？

答：材料的剪切试验，是测定材料在剪切力作用下的抗力性能，是材料机械性能试验的基本试验方法之一，主要用于试验承受剪切荷载的杆件和材料其承受剪切作用的性能大小。如土木工程中普遍使用的螺栓和铆钉等。

剪切试验在万能试验机上进行，试样置于剪切夹具上，加载形式有单剪和双剪两种，试样在剪切荷载 F_v 作用下被剪断，单剪时：

$$\tau^0 = \frac{F_v}{A} \tag{2-7}$$

考虑到各种不利因素的影响，将测得的具有 95% 保证概率的剪切强度除以材料分项系数，就可得到这种钢材的抗剪强度设计值。

第二节　工程预算的基本知识

1. 什么是建筑面积？怎样计算建筑面积？

答：（1）建筑面积

建筑面积也称为建筑展开面积，它是指建筑物外墙勒脚以上外围水平测定的各层面积之和，它是表示一个建筑物规模大小的经济指标。建筑面积应该根据《建筑工程建筑面积计算规范》GB/T 50353—2013 的规定确定。

（2）计算建筑面积的规定

1）建筑物的建筑面积应按自然层外墙结构外围水平面积之和计算。结构层高在 2.20m 及以上的，应计算全面积；结构层高在 2.20m 以下的，应计算 1/2 面积。

2）建筑物内设有局部楼层时，对于局部楼层的二层及以上楼层，有围护结构的应按其围护结构外围水平面积计算，无围护结构的应按其结构底板水平面积计算，且结构层高在 2.20m 及以上的，应计算全面积，结构层高在 2.20m 以下的，应计算 1/2 面积。

3）对于形成建筑空间的坡屋顶，结构净高在 2.10m 及以上的部位应计算全面积；结构净高在 1.20m 及以上至 2.10m 以下的部位应计算 1/2 面积；结构净高在 1.20m 以下的部位不应计算建筑面积。

4）对于场馆看台下的建筑空间，结构净高在 2.10m 及以上的部位应计算全面积；结构净高在 1.20m 及以上至 2.10m 以下的部位应计算 1/2 面积；结构净高在 1.20m 以下的部位不应计算建筑面积。室内单独设置的有围护设施的悬挑看台，应按看台结构底板水平投影面积计算建筑面积。有顶盖无围护结构的场馆看台应按其顶盖水平投影面积的 1/2 计算面积。

5）地下室、半地下室应按其结构外围水平面积计算。结构层高在 2.20m 及以上的，应计算全面积；结构层高在 2.20m 以下的，应计算 1/2 面积。

6）出入口外墙外侧坡道有顶盖的部位，应按其外墙结构外围水平面积的 1/2 计算面积。

7）建筑物架空层及坡地建筑物吊脚架空层，应按其顶板水平投影计算建筑面积。结构层高在 2.20m 及以上的，应计算全面积；结构层高在 2.20m 以下的，应计算 1/2 面积。

8）建筑物的门厅、大厅应按一层计算建筑面积，门厅、大厅内设置的走廊应按走廊结构底板水平投影面积计算建筑面积。

结构层高在 2.20m 及以上的，应计算全面积；结构层高在 2.20m 以下的，应计算 1/2 面积。

9）对于建筑物间的架空走廊，有顶盖和围护设施的，应按其围护结构外围水平面积计算全面积；无围护结构、有围护设施的，应按其结构底板水平投影面积计算 1/2 面积。

10）对于立体书库、立体仓库、立体车库，有围护结构的，应按其围护结构外围水平面积计算建筑面积；无围护结构、有围护设施的，应按其结构底板水平投影面积计算建筑面积。无结构层的应按一层计算，有结构层的应按其结构层面积分别计算。结构层高在 2.20m 及以上的，应计算全面积；结构层高在 2.20m 以下的，应计算 1/2 面积。

11）有围护结构的舞台灯光控制室，应按其围护结构外围水平面积计算。结构层高在 2.20m 及以上的，应计算全面积；结构层高在 2.20m 以下的，应计算 1/2 面积。

12）附属在建筑物外墙的落地橱窗，应按其围护结构外围水平面积计算。结构层高在 2.20m 及以上的，应计算全面积；结构层高在 2.20m 以下的，应计算 1/2 面积。

13）窗台与室内楼地面高差在 0.45m 以下且结构净高在 2.10m 及以上的凸（飘）窗，应按其围护结构外围水平面积计算 1/2 面积。

14）有围护设施的室外走廊（挑廊），应按其结构底板水平投影面积计算 1/2 面积；有围护设施（或柱）的檐廊，应按其围护设施（或柱）外围水平面积计算 1/2 面积。

15）门斗应按其围护结构外围水平面积计算建筑面积，且结构层高在 2.20m 及以上的，应计算全面积；结构层高在 2.20m 以下的，应计算 1/2 面积。

16）门廊应按其顶板的水平投影面积的 1/2 计算建筑面积；有柱雨篷应按其结构板水平投影面积的 1/2 计算建筑面积；无柱雨篷的结构外边线至外墙结构外边线的宽度在 2.10m 及以上的，应按雨篷结构板的水平投影面积的 1/2 计算建筑面积。

17）设在建筑物顶部的、有围护结构的楼梯间、水箱间、电梯机房等，结构层高在 2.20m 及以上的应计算全面积；结构层高在 2.20m 以下的，应计算 1/2 面积。

18）围护结构不垂直于水平面的楼层，应按其底板面的外墙外围水平面积计算。结构净高在 2.10m 及以上的部位，应计算全面积；结构净高在 1.20m 及以上至 2.10m 以下的部位，应计算 1/2 面积；结构净高在 1.20m 以下的部位，不应计算建筑面积。

19）建筑物的室内楼梯、电梯井、提物井、管道井、通风排气竖井、烟道，应并入建筑物的自然层计算建筑面积。有顶盖的采光井应按一层计算面积，且结构净高在 2.10m 及以上的，应计算全面积；结构净高在 2.10m 以下的，应计算 1/2 面积。

20）室外楼梯应并入所依附建筑物自然层，并应按其水平投影面积的 1/2 计算建筑面积。

21）在主体结构内的阳台，应按其结构外围水平面积计算全面积；在主体结构外的阳台，应按其结构底板水平投影面积计算 1/2 面积。

22）有顶盖无围护结构的车棚、货棚、站台、加油站、收费站等，应按其顶盖水平投影面积的 1/2 计算建筑面积。23）以幕墙作为围护结构的建筑物，应按幕墙外边线计算建筑面积。

24）建筑物的外墙外保温层，应按其保温材料的水平截面积计算，并计入自然层建筑面积。

25）与室内相通的变形缝，应按其自然层合并在建筑物建筑面积内计算。对于高低联跨的建筑物，当高低跨内部连通时，其变形缝应计算在低跨面积内。

26）对于建筑物内的设备层、管道层、避难层等有结构层的楼层，结构层高在 2.20m 及以上的，应计算全面积；结构层高在 2.20m 以下的，应计算 1/2 面积。

27）下列项目不应计算建筑面积：

① 与建筑物内不相连通的建筑部件；

② 骑楼、过街楼底层的开放公共空间和建筑物通道；

③ 舞台及后台悬挂幕布和布景的天桥、挑台等；

④ 露台、露天游泳池、花架、屋顶的水箱及装饰性结构构件；

⑤ 建筑物内的操作平台、上料平台、安装箱和罐体的平台；

⑥ 勒脚、附墙柱、垛、台阶、墙面抹灰、装饰面、镶贴块料面层、装饰性幕墙，主体结构外的空调室外机搁板（箱）、构件、配件，挑出宽度在 2.10m 以下的无柱雨篷和顶盖高度达到或超过两个楼层的无柱雨篷；

⑦ 窗台与室内地面高差在 0.45m 以下且结构净高在 2.10m 以下的凸（飘）窗，窗台与室内地面高差在 0.45m 及以上的凸（飘）窗；

⑧ 室外爬梯、室外专用消防钢楼梯；

⑨ 无围护结构的观光电梯；

⑩ 建筑物以外的地下人防通道，独立的烟囱、烟道、地沟、油（水）罐、气柜、水塔、贮油（水）池、贮仓、栈桥等构筑物。

2. 建筑工程的工程量怎样计算？混凝土工程量、砌筑工程的工程量、钢筋工程的工程量怎样计算？

答：计算工程量应分别不同情况，一般采用以下几种方法：

（1）按顺时针顺序计算。以图纸左上角为起点，按顺时针方向依次进行计算，当按计算顺序绕图一周后又重新回到起点。这种方法一般用于各种带形基础、墙体、现浇及预制构件计算，其特点是能有效防止漏算和重复计算。

（2）按编号顺序计算。结构图中包括不同种类、不同型号的构件，而且分布在不同的部位，为了便于计算和复核，需要按构件编号顺序统计数量，然后进行计算。

（3）按轴线编号计算。对于结构比较复杂的工程量，为了方便计算和复核，有些分项工程可按施工图轴线编号的方法计算。例如，在同一平面中，带形基础的长度和宽度不一致时，可按 A 轴①—③轴，B 轴③、⑤、⑦轴这样的顺序计算。

（4）分段计算。在通长构件中，当其中截面有变化时，可采取分段计算。如多跨连续梁，当某跨的截面高度或宽度与其他跨不同时可按柱间尺寸分段计算，再如楼层圈梁在门窗洞口处截面加厚时，其混凝土及钢筋工程量都应按分段计算。

（5）分层计算。该方法在工程量计算中较为常见，例如，墙体、构件布置、墙柱面装饰、楼地面做法等各层不同时，都应按分层计算，然后再将各层相同工程做法的项目分别汇总项。

（6）分区域计算。大型工程项目平面设计比较复杂时，可在伸缩缝或沉降缝处将平面图划分成几个区域分别计算工程量，然后再将各区域相同特征的项目合并计算。

3. 混凝土工程量怎样计算？

答：属于构、配件的混凝土，按照立方米计算，比如梁、板、柱、楼梯、墙、基础等等；属于主体工程之外的屋面工程、装饰装修工程、楼地面工程中的一些找平层、找坡层、保护层等等一般按平方米计算。混凝土路面按立方米计算，楼地面以合同规定，可以按平方米也可以按立方米计算，这都是无所谓的，两者间都是换算过来的。

4. 砌筑工程量怎样计算？

答：砌筑工程量计算规则包括：

（1）概述

1）砌筑工程是指砌砖、石两部分，包括基础、墙体、柱及其他零星砌体。

2）标准墙计算厚度。墙厚 1/4、1/2、3/4、1、3/2、2、5/2 计算厚度 53、115、180、240、365、490、615（单位：mm）。

（2）砖基础工程量计算

砖基础工程最常见的砖基础为条形基础，工程量的计算规则是不分基础厚度和高度，均按图示尺寸以立方米计算。

1）基础长度外墙基础的长度按外墙中心线计算，内墙基础长度按内墙基础净长线计算。

2）基础高度：

① 若基础与墙（柱）身使用同一种材料时，以设计室内地面（±0.000）为界（有地下室者，以地下室室内设计地面为界），以下为基础，以上为墙（柱）身。

② 基础与墙（柱）身使用不同材料，两种材料分界线位于设计室内地坪±300mm 以内时，以不同材料为界；若材料的分界线超过±300mm，应以设计室内地坪为界。

③ 砖围墙应以设计室外地坪为界。

3）基础断面计算砖基础需在底部做成逐步方阶的形式，俗称大放脚。在计算基础断面积的时候，须考虑大放脚增加的面积。不等高式大放脚是两皮一收与一皮一收相间隔，两边各收进四分之一砖长。

4）应扣除（或并入）的体积：

① 不扣除：基础中嵌入的钢筋、铁件、管子、基础防潮层，单个面积在 0.3m² 以内的孔洞以及砖石基础 T 形接头处的重叠部分，靠墙暖气沟的挑檐不增加。

② 需扣除：地梁（圈梁）、单个面积 0.3m² 以上的孔洞、构造柱所占体积。

③ 要并入：附墙垛、附墙烟囱等基础宽出部分的体积。

5）条形基础也叫带形基础，基础沿墙身设置，这是砖石墙基础的基本形式。基础断面面积＝中间基础面积＋两边大放脚面积＝墙宽×基础高度＋大放脚增加断面面积。

6）独立基础：砖柱基础（四面大放脚）砖砌体。

（3）砖墙

1）实心砖墙

砖墙工程量的计算规则是不分墙体厚度和高度，均按图示尺寸以立方米计算。

① 墙体长度：外墙按外墙中心线计算；内墙按内墙净长线计算；围墙按设计长度计算。

② 墙身高度：

a. 外墙墙身高度：斜（坡）屋面无檐口天棚者算至屋面板底；有屋架且室内外均有天棚者算至屋架下弦底另加 200mm；无天棚者算至屋架下弦底另加 300mm，出檐宽度超过 600mm 时按实砌高度计算；平屋面算至钢筋混凝土板底。

b. 内墙墙身高度：内墙位于屋架下弦者，算至屋架下弦底；无屋架者算至天棚底另加 100mm；有钢筋混凝土楼板隔层者算至楼板顶。有框架梁时算至梁底。

c. 围墙高度：从设计室外地坪至围墙砖顶面。有砖压顶算至压顶顶面；无压顶算至围墙顶面；其他材料压顶算至压顶底面。

d. 女儿墙高度：自外墙顶面至图示女儿墙顶面高度，分别以不同墙厚并入外墙计算。

③ 墙体厚度：墙体厚度为主墙身的厚度。

④ 应扣除（或并入）的体积：

a. 计算墙体工程量时，应扣除门窗洞口、过人洞、空圈、嵌入墙身的钢筋混凝土柱、梁（包括过梁、圈梁、挑梁）和暖气包壁龛及内墙板头的体积，不扣除梁头、板头、檩头、垫木、木楞头、沿椽木、木砖、门窗走头、砖墙内的加固钢筋、木筋、铁件、钢管及每个面积在 0.3m² 以下的孔洞等所占的体积，突出墙面的窗台虎头砖、压顶线、山墙泛水、烟囱根、门窗套、腰线和挑檐等体积亦不增加。

b. 凸出墙面的砖垛，并入墙身体积内计算。

c. 附墙烟囱、通风道、垃圾道应按设计图示尺寸体积（扣除孔洞所占体积）计算，并入所依附的墙体积内。

d. 墙内砖平碹、砖拱碹、砖过梁的体积不扣除，应包括在报价中。

⑤ 砖墙工程量＝墙体长度×墙体高度×墙体厚度－应扣除体积＋应并入体积。

2）围墙、空花墙和填充墙

① 砖围墙以设计室外地坪为分界线，以上为墙身，以下为基础。围墙工程量按设计图示尺寸以立方米计算。

② 空花墙应按空花墙计算规则计算工程量。空花部分按镂空部分外形体积计算，不扣除空洞部分体积，其中实体部分以 m³ 另行计算。

③ 空斗墙按外形尺寸以 m³ 计算。

④ 填充墙按设计图示尺寸以填充墙外形体积计算，其中实砌部分已包括在定额内，不另计算，应扣除门窗洞口和梁（包括过梁、圈梁、挑梁）所占的体积。

（4）零星砖砌体

1）适用于台阶、台阶挡墙、梯带、锅台、炉灶、花池、蹲台等。各地定额规定不一，除台阶外，一般按设计图示尺寸以体积计算。

2）砖台阶工程量按水平投影面积计算（不包括台阶挡墙）。

（5）砌石

砌石的工程量计算规则与砌砖类似，按设计图示尺寸以立方米计算。

5. 钢筋工程的工程量怎样计算？

答：钢筋工程区别现浇、预制构件、不同钢种和规格，分别按设计长度乘以单位重量，以吨（t）计算。计算钢筋长度时，钢筋搭接、锚固按设计、规范规定计算；因钢筋加工综合下料和钢筋出厂长度定尺所引起的非设计接头定额已考虑，计算其工程量时不另计算钢筋损耗系数。

6. 材料价格由哪几部分构成？

答：材料价格由材料原价、运杂费、场外运输损耗、采购及保管费等四部分组成。其计算公式为：

材料价格＝（材料原价＋运杂费＋场外运输损耗）×（1＋采购及保管费率）－包装品回收值

7. 影响材料价格变动的因素有哪些？

答：（1）市场供需变化。

（2）材料生产成本的变动直接涉及材料预算价格的波动。

（3）流通环节的多少和材料供应体制也会影响材料的预算价格。

（4）运输距离和运输方法的改变也会影响材料运输费用的增减，从而也会影响材料与算价格。

（5）国际市场行情会对进口材料价格产生影响。

8. 怎样计算材料费？

答：材料费是指施工过程中耗用的构成工程实体的各类原材料、辅助材料、构配件、零件、半成品的费用。构成材料费的基本要素是材料消耗量、材料基价和检验试验费。材料费的计算公式如下：

材料费＝实物工程量×[Σ（定额材料消耗量×材料基价）＋检验试验费]

9. 工程造价构成由哪几部分构成？

答：建筑工程造价是为了进行某项工程建设所花费的全部费用，它是建设工程项目有计划进行固定资产再生产所形成的最低流动资金的一次性费用总和。它包括以下三方面的内容：

（1）建筑安装工程费

是建设单位为从事该项目建筑安装工程所支付的全部生产费用，包括直接用于各单位工程的材料、人工、施工机械费用以及分摊到各单位工程中去的服务费用及税金。

（2）设备工器具费

是指建设单位按照建设项目文件要求而购置或自制的设备及工器具所需的全部费用，包括设备工器具原价及运杂费。

（3）工程建设其他费用

根据有关规定周期固定资产投资中支付并列入工程建设项目总概算或单位工程综合概算的除建筑安装工程费和设备工器具费义务的一切费用。

10. 什么是定额计价？进行定额计价的依据和方法是什么？

答：（1）工程造价的定额计价

工程建设定额是指在工程建设中单位产品上人工、材料、机械、资金消耗的规定额度。工程建设定额是根据国家一定时期的管理体制和管理制度，根据不同定额的用途和适用范围，由指定的机构按照一定的程序制定的。并按照规定的程序审批和办法执行。工程建设定额反映了工程建设和各种资源消耗之间的客观规律。

工程造价的定额计价就是根据所需的工程建设定额对工程造价进行计算或审定方法和制度。

（2）进行工程造价的定额计价的依据

计价所需的有关工程建设定额，当地工程建设基价表，工程设计文件、图纸，以及当地工程造价部门发布的月度或季度主要材料指导价格表等。

（3）进行工程造价的定额计价的方法

1）计算工程量；

2）套用相应工程计价定额；

3）套用基价表；

4）计算工程造价基础价；

5）根据相关规定计算各种规费、税费；

6）根据主材指导价和有关规定调整工程造价基础价得到确定的工程造价。

11. 什么是工程量清单？它包括哪些内容？工程量清单计价方法的特点有哪些？

答：（1）工程量清单

工程量清单是表现拟建工程的分部分项工程项目、措施项目、其他项目名称和相应数量的明细清单。是按招标要求和施工设计图纸要求规定将拟建招标工程的全部项目和内容，依据统一的工程量计算规则，统一的工程量清单项目编制规则要求，计算拟建招标工程的分部分项工程数量的表格。工程量清单是招标文件的组成部分，是由招标人发出的一套注有拟建工程各实物工程名称、性质、特征、单位、数量及开办项目、税费等相关表格的组成文件。

（2）工程量清单的组成

1）工程量清单说明

工程量清单说明主要是招标人解释拟招标工程量清单的编制依据以及重要作用，明确清单制度工程量是招标人估算得出的，仅仅作为投标报价的基础，结算时的工程量以招标人或其他委托授权的监理工程师核准的实际完成量为依据，提示投标申请人知识清单，以及如何使用清单。

2）工程量清单表

工程量清单表作为清单项目和工程数量的载体，是工程量清单的重要组成部分。

（3）工程量清单计价方法的特点

概括来说，工程量计价清单的特点包括如下几点：

1）满足竞争的需要；

2）提供了一个平等的竞争机会；

3）有利于工程款的拨付和工程造价的最终确定；

4）有利于实现风险的合理分担；

5）有利于业主对投资的控制。

第三节　物资管理的基本知识

1. 什么是材料管理？它的目的是什么？

答：（1）工程材料管理

建筑企业材料管理，是指建筑企业对施工生产过程中所需各种材料的采购、储备、保管、使用等工作的总称。也可以说，材料管理是以最低的材料成本，保质、保量、及时、配套地供应施工生产所需材料,并监督和促进材料的合理使用。材料管理可分为流通过程的管理和生产过程的管理等两个不同阶段的管理。流通过程的管理是指材料进入企业之前的管理工作,包括计划、购买、运输、仓储等;生产过程的管理是指材料进入企业后,消耗过程的管理,包括保管、发放、使用、退料、回收报废等。

(2)材料管理的目的

材料管理的目的第一是提高计划管理质量,保证材料供应;第二是提高管理水平,保证工程进度;第三是加强施工现场材料管理,坚持定额用料;第四是严格经济核算,交底工程成本,提高施工效益。

2. 材料管理的主要内容有哪些?

答:材料管理的任务内容包括:

材料管理的内容涉及两个领域、三个方面和八种业务。所谓两个领域也就是材料流通领域和施工生产领域;三个方面是指材料的供应、材料的管理和材料的使用等方面;八个业务是指材料计划、组织货源、运输供应、验收保管、现场材料管理、工程耗材核销、材料核算和统计分析八项业务。材料管理的具体内容是材料的计划管理、材料的采购管理、材料的供应管理、材料的运输及储备管理和材料的核算管理。

3. 建筑施工施工机具怎样分类?

答:机具设备按不同内容可进行分类:

(1)按机具设备的使用价值和使用周期划分

1)固定资产机具设备

固定资产设备是指使用年限在一年以上,单价在规定限额(一般为 2000 元)以上的机具设备。如塔吊、搅拌机、测量用的水准仪、经纬仪等。

2)低值易耗机具

低值易耗机具是指使用期或价值低于固定资产标准的机具设

备，如电钻、灰槽、苫布、搬子、灰桶等。这类机具数量大，约占企业生产机具的60%以上。

3）消耗性机具

消耗性机具是指价值较低，使用寿命很短，重复使用次数很少且无回收价值的设备、如扫帚、油刷、锹把、锯片等。

（2）按使用范围分

1）专用机具

专用机具是指为某种特殊需要或完成特定作业项目所用的机具，如量卡具、根据需要而自制和定购的非标准机具等。

2）通用机具

通用工具是指使用广泛的定型产品，如各类扳手、钳子等。

（3）按使用方式和保管范围分

1）个人随手机具

个人随手机具是指在施工生产中使用频繁、体积小、便于携带而交由个人保管的机具、如瓦刀、灰刀、抹子等。

2）班组共用工具

班组共用工具是指在一定范围内为一个或多个施工班组共同使用的机具。它包括在班组内共同使用的机具，如胶轮车、水桶等，还有在班组之间或工种之间共同使用的工具，如水管、搅灰盘、磅秤等。前者一般固定给班组使用并由班组负责保管；后者按施工现场或单位工程配备，由现场材料管理人员保管；计量器具则由计量部门统管。

4. 施工机具的装备原则是什么？

答：机具设备是重要的生产资料，它是施工生产必须的，它的功能是为生产活动服务的。它的配备原则是：种类齐全，能满足生产活动的实际需要；质量相对优良，能满足生产产品的质量、工效和安全的要求；价格合理、经济性能良好，能在其使用功能和造价上满足使用要求且尽可能节约投资费用；操作简便、安全可靠；节能环保，便于维护保养和保管储存。

5. 怎样编制机械设备使用计划？

答：编制机械设备使用计划时，要认真熟悉图纸、详细了解工程概况、准备编制施工机械使用计划和机械设备租赁计划。编制计划时，要注明设备名称、规格和型号、设备功率、使用数量、进场时间、退场时间、是否购置或租赁等。在选用机械设备时要选用技术先进、结构合理、质量优良、安全可靠并经国家质量技术监督部门认定的产品，严禁购置国家限制使用或淘汰的产品。

(1) 选择机械设备时需要考虑的因素如下：

1) 机械设备的生产效率。所有机械的生产效率必须适应工程任务的要求。

2) 机械设备必须保证工程质量。

3) 选用轻便多功能的机械或稍加改装就能适应工程需要的机械设备。

4) 机械设备的能源消耗要少。

5) 机械设备的使用对环境影响要小。

6) 合理地组合使用机械设备。

7) 在机械的使用过程中要制定严密的计划，合理地安排时间。同时，要实行岗位责任制，确保职责，调动机组专职人员的积极性和责任感。

8) 选择可靠的厂家供货保证质量。

9) 选择可靠的维修厂家提供及时维修服务和良好的配件供给。

(2) 建筑工程施工机械设备计划编制的依据包括：施工组织计划、《机械设备消耗定额》、《建筑施工安全检查标准》JGJ 59—2011、《建筑机械使用安全技术规程》JGJ 33—2012、《建筑施工手册》（第五版）、施工机械设备需求计划、施工机械储备计划和施工机械设备货源资料等。

在编制的单位工程施工组织设计、工程预算的基础上、按分部、分项工程计算出施工机械设备的消耗数量，然后在单位工程范围内，分别汇总、得出单位工程施工机械设备的定额消耗量。在此基础上，考虑施工现场施工机械设备管埋水平及进度计划即可编出施工项目施工机械设备计划。

6. 怎样进行机械设备的购置与租赁？

答：为了满足新建工程质量和工期要求，施工企业通常需要为特定工程施工项目购置或租赁所需的机械设备。施工单位在做出设备租赁或购买的决策前，必须从支付方式、筹资方式、使用方式等方面来考虑。

（1）机械设备租赁的方式

1）融资租赁。融资租赁是指由承租人自行选定所需设备，再由出租人按谈妥的条件向设备供应商购买设备，然后由承租人长期租赁该设备并分期支付租金。租赁双方承担确定时期的租让和付费义务，而不得任意终止或取消租约。重型机械设备宜采用这种方式。

2）经营租赁。经营租赁是租赁双方的任何一方可以随时以一定的方式在通知对方后的规定期限内取消或终止合约。临时使用的设备（如车辆、仪器等）通常采用这种方式。

（2）设备租赁的特点

1）优点

① 对承租方来说与购买设备相比，设备租赁的优点是，在资金短缺的情况下，既可用较少资金获得生产急需的设备，也可以引进先进设备，加快技术进步的步伐，可获得良好的技术服务。

② 可以保证资金的流动状态，防止呆滞，也不会使施工单位资产负债恶化。

③ 可避免通货膨胀和利率波动的影响，减少投资风险。

④ 设备租金可在所得税前扣除，能享受税费上的利益。

2）设备租赁的缺点

① 在设备租赁期间承租人对设备无所有权，只有使用权。

故承租人无权对设备进行改造，不能处置设备，也不能用于担保、抵押贷款。

② 承租人在租赁期间所交的租金总额一般比购置设备的费用要高，即资金成本较高。

③ 长期支付租金，形成长期负债。

④ 租赁合同规定严格，毁约要承担违约责任，经济赔偿额度大。

（3）机械设备租赁与购置分析

1）分析的步骤

① 根据施工生产单位经营目标和技术状况，提出设备更新的投资建议。

② 拟定若干设备投资、更新方案。

③ 定性分析筛选方案，包括分析施工单位财务能力。

④ 定量分析优选方案，结合其他因素，做出租赁还是购买的投资决策。

2）经济比选法

① 设备经营租赁方案的净现金流量

净现金流量＝营业收入－租赁费用－经营成本－租赁费用－与营业相关的税金－所得税

② 购买设备的净现金流量

净现金流量＝营业收入－经营成本－设备购置费－贷款利息－与营业相关的税金－所得税

③ 设备租赁与购置方案的比较

在假设所得机械设备的收入相同的情况下，最简单的方法是将租赁成本与购置成本相比较。根据互斥方案比选原则，只需比较它们之间差异部分，比较的内容为：

机械设备租赁：所得税率×租赁费－租赁费

机械设备购置：所得税率×（折旧＋贷款利息）－设备购置费－贷款利息

比较租赁费和购置费，选择较小的作为最终确定的方案。

7. 怎样进行机械设备的使用管理?

答：机械设备的使用管理主要表现在以下几个方面：

（1）机械设备的使用管理的基础性工作

机械设备的使用过程是体现租赁和购置目的、完成施工任务、创造产值和效益的过程，同时也是反映机械设备寿命的过程。因此，机械设备使用管理是机械设备现场管理中的关键环节。在实际工作中，许多生产单位存在着"只使用，不管理"、"管机不管人"和"管人不管用"等多种管理脱节倾向，日常工作中存在只强调机械设备完成生产任务，而忽略管理工作等违背事物发展规律的情况。

基础性管理是对机械设备技术、性能和状况及时进行真实、详细和客观的定性或定量描述和反映，为管理决策提供依据，是对管理行为和目标的表述和体现，是管理的媒介。

（2）机械设备的技术保养的管理

技术保养管理既是机械设备现场管理的过程也是手段。技术保养的原则是：树立"以养代修"的机械设备现场管理思想，突出"科学性"、"强制性"、"预见性"，做到"防患于未然"，避免小事故扩大化。

技术保养的内容是根据机械设备隐含着或表现出的异常摩擦、裂痕、变形、断裂、剪切损坏等情况，联系机械设备的结构、工作原理及各系统、机构、部件之间的相互关系，进行科学的分析推理，判断出异常损坏的原因，及时给予正确、有效的处理，并对保养的内容及时进行调整，使其更趋于合理、有效。同时，总结出机械设备各部件磨损、损坏规律，为合理订购配件、有计划地安排修理提供可靠的依据。

技术保养要明确职责、搞好机械的保养。保养的目的是确保机械保持良好的技术状态和机械运转的可靠性，主要内容是清洁、检查、紧固、调整和润滑，保养以机械操作手为主，修理的目的是恢复机械的动力性和经济性，主要内容是对已经磨损、超过适用范围或损坏的零件进行修复或更换，修理以专业修理工为主。

(3) 机械设备的供应管理

无论是机械设备的正常维修，还是意外事故的修理，都要使用各种配件，而且修理车间的运作需要消耗各种加工材料和修复材料。这样，就需要对机械配件和加工材料的计划、储存、订购和供应工作进行管理，通称供应管理。供应管理是施工工地及时、有效修理机械设备的保障，是机械设备现场管理的一个重要环节。

(4) 机械设备的修理管理

机械设备在使用过程中，必然会因磨损、疲劳、变形和腐蚀等原因使动力性、紧固性、可靠性和经济性降低。为了确保机械设备能够正常、有效工作，必须进行相应的临时性、平衡性和恢复性的修理作业。修理管理是机械设备现场管理工作的最后一个环节，是对性能的"恢复"，也是"生产"。机械修理作业的安排和实施应遵照"计划修理、按需修理"的原则，突出计划性、针对性和有效性。

修理管理中应做好废旧利用工作，这在突发事件发生、机械零件部件或配件不能及时到位的情况下，通过研究分析机械结构、工作原理和技术参数，进行技术改造和废旧利用非常必要。

(5) 施工设备的协调管理

施工机械在施工现场处于最佳运行状态，就要把机械管理、使用、维修和配件油料采购各方面的人和工作协调一致，形成一个利益共同体。施工机械设备使用管理工作，除了把好管、养、用、修和协调之外，还必须做到领导重视，各级机械管理人员、机械操作人员、维修人员以及相关配合人员之间责任明确，做到有章可循、有据可查、记录清晰、有人操作、有人监督、奖罚分明，专管与群管相结合，并注意强化机务人员的安全意识，提高业务素质和技术水平，使用、维护、保养严格按规程办事；只要持之以恒、常抓不懈，保持居安思危的忧患意识，真正做到预防为主，就一定能够杜绝重大机械设备事故的发生，保证机械设备安全、优质、高效地为施工生产服务。

第四节　抽样统计分析的基本知识

1. 什么是总体、样本、统计量？

答：（1）总体

总体是工作对象的全体，如果要对某种规格的构件进行检测，则总体就是这批构件的全部。总体是由若干个个体组成的，因此，个体是组成总体元素。对待不同的检测对象，所采集的数据也各不相同，应当采集具有控制意义的质量数据。通常，把从单个产品采集到的数据视为个体，而把该产品的全部质量数据的集合视为总体。

（2）样本

样本是由样品构成的，是从总体中抽取出来的个体。通过对样本的检测，可以对整批产品的性质作出推断性评价，由于存在随机性因素的影响，这种推断性评价往往会有一定的误差。为了把这种误差控制在允许的范围内，通常要设计出合理的抽样手段。

（3）统计量

统计量是根据具体的统计要求，结合对总体的统计期望进行的推断。由于工作对象的已知条件各有所不同，为了能够比较客观、广泛地解决实际问题，使统计结果更为可信，需要研究和设定一些常用的随机变量，这些统计量都是样本的，它们的概率密度的解析式比较复杂。

2. 工程验收抽样的方法有哪几种？

答：通常是利用数理统计的基本原理，在产品的生产过程或一批产品中随机的抽取样本，并对抽取的样本进行检测和评价，从中获取样本的质量数据信息。以获取的信息为依据，通过统计的手段对总体的质量情况作出分析和判断。工程验收抽样的流程如下：

从生产过程（一批产品）中随机抽样→产生样本→检测、整理样本数据→对样本质量进行评价→经过推断、分析和评价产品或样本的总体质量。

3. 怎样进行质量检测试样取样？检测报告生效的条件是什么？检测结果有争议时怎样处理？

答：（1）质量检测试样取样

质量检查试样的取样应在建设单位或者工程监理单位监督下现场取样。提供质量检验试样的单位和个人，应当对试样的真实性负责。

1）见证人员。应由建设单位或者工程监理单位具备试验知识的工程技术人员担任，并应由建设单位或该工程的监理单位书面通知施工单位、检测单位和负责该工程的质量监督机构。

2）见证取样和送检。施工过程中，见证人员应当按照见证取样和送检计划，对施工现场的取样和送检进行见证，取样人员应在试样或其包装上做出标识、标志。标识和标志要标明工程名称、取样部位、取样日期、取样名称和样品数量，并由见证人员和取样人员签字。见证人员应制作见证记录，并将见证记录归入施工技术档案。涉及结构安全的试块、试件和材料见证取样和送检比例不得低于有关技术标准中规定应取样数量的30%。

见证人员和取样人员应对试样代表性和真实性负责。见证取样的试件和材料送检时，应由送检单位填写委托书，委托单应有见证人员和送检人员签字。检测单位应检查委托单及试样上的标识和标志，确认无误后方可进行检测。

（2）检测报告生效

检测报告生效的条件是：检测报告经检测人员签字、检测机构法定代表人或者其授权的签字人签署，并加盖检测机构公章或检测专用章后方可生效。检测报告经建设单位或监理单位确认后，由施工单位归档。

（3）检测结果争议的处理

检测结果利害关系人对检测结果发生争议的，由双方共同认可的检测机构复检，复检结果由提出复检方报当代建设主管部门备案。

4. 常用的施工质量数据收集的基本方法有哪几种？

答：质量数据的收集方法主要有全数检验和随机抽样检验两种方式，工程中大多采用随机抽样的检验方法。

（1）全数检验

这是一种对总体中的全部个体进行逐个检测，并对所获取的数据进行统计和分析，进而获得质量评价结论的方法。全数检验的最大优势是质量数据全面、丰富、可以获取可靠的评价结论。但是在采集数据的过程中要消耗很多人力、物力和财力，需要的时间也较长。如果总体的数量较少，检测的项目比较重要，而且检测方法不会对产品造成破坏时，可以采取这种方法；反之，对总体数量较大，检测时间较长，或会对产品产生破坏作用时，就不宜采用这种评价方法。

（2）随机抽样检验

这是一种按照随机抽样的原则，从整体中抽取部分个体组成样本，并对其进行检测，根据检测的评价结果来推断总体质量状况的方法。随机抽样的方法具有省时、省力、省钱的优势，可以适应产品生产过程中及破坏性检测的要求，具有较好的可操作性。随机抽样的方法主要有以下几种：

1）完全随机抽样。这是一种简单的抽样方法，是对总体中的所有个体进行随机获取样本的方法。即不对总体进行任何加工，而对所有个体进行事先编号，然后采用客观形式（如抽签、摇号）确定中选的个体，并以其为样本进行检测。

2）等距随机抽样。这是一种机械、系统的抽样方法，是对总体中的所有个体按照某一规律进行系统排列、编号，然后均分为若干组，这时每组有 $K = N/n$ 个个体，并在第一组抽取第一件样品，然后每隔一定间距抽取出其余样品最终组成样本的方法。

3）分层抽样。这是一种把总体按照研究目的的某些特性分组，然后在每一组中随机抽取样品组成样本的方法。由于分层抽样要求对每一组都要抽取样品，因此可以保证样品在总体分布中均匀，具有代表性，适合于总体比较复杂的情况。

4）整体抽样。这是一种把总体按照自然状态分为若干组群，并在其中抽取一定数量样试件成样品，然后进行检测的方法。这种办法样品相对集中，可能会存在分布不均匀，代表性差的问题，在实际操作时，需要注意生产周期的变化规律，避免样品抽取的误差。

5）多阶段抽样。这是一种把单阶段抽样（完全随机抽样、等距抽样、分层抽样、整群抽样的统称）综合运用的方法。适合在总体很大的情况下应用。通过在产品不同试车阶段多层随机抽样，多次评价得出数据，使评价的结果更为客观、准确。

5. 建筑装饰装修工程专项质量检测、见证取样检测内容有哪些？

答：建设装饰装修工程质量检测是工程质量检测机构接受委托，根据国家有关法律、法规和工程建设强制性标准，对涉及结构安全项目的抽样检测和对施工现场的建筑材料、构配件的见证取样检测。

（1）专项检测的业务内容

专项检测的业务内容包括：防火工程检测、节能工程现场检测、建筑幕墙工程检测等。

（2）见证取样检测的业务内容

见证取样检测的业务内容包括：主要装饰装修材料（木材、塑料、涂料、油漆等主要材料和辅料）；板材力学性能检验；主要防火材料防火性能检验等。

6. 常用施工质量数据统计分析的基本方法有哪几种？

答：常用施工质量数据统计分析的基本方法有：排列图、因果分析图、直方图、控制图、散布图和分层法等。

（1）排列图

排列图又称为帕累托图，是用来寻找影响产品质量主要因素的一种方法。

（2）排列图的作图步骤

1）收集一定时间内的质量数据。

2）按影响质量因素确定排列图的分类，一般可按不合格产品的项目、产品种类、作业班组、质量事故造成的经济损失来划分。

3）统计各项目的数据、即频数、计算频率、累计频率。

4）画出左右两条纵坐标，确定两条纵坐标的适当刻度和比例。

5）根据各种影响因素发生的频数多少，从左向右排列在横坐标上，各种影响因素在横坐标上的宽度要相等。

6）根据纵坐标的刻度和各种影响因素的发生频数，画出相应的矩形图。

7）根据步骤3）中计算的累计频率按每个影响因素分别标注在相应的坐标点上，将各点连成曲线。

8）在图面的适当位置，标注排列图的标题。

（3）排列图的分析

排列图中矩形柱高度表示影响程度的大小。观察排列图寻找主次因素时，主要看矩形柱高矮这个因素。一般确定主次因素可利用帕累托曲线，将累计百分数分为三类：累计百分数在 0%～80%左右的为 A 类，在此区域内的因素为主要影响因素，应重点加以解决；累计百分数在 80%～90%左右的为 B 类，在此区域内的因素为次要因素，可按常规进行管理；累计百分数在 90%～100%的为 C 类，在此区域的因素为一般因素。

（4）应用

图 2-3 是某项某一时间段内的无效工排列图，从图中可见：开会学习占 610 工时、停电占 354 工时、停水占 236 工时、气候影响占 204 工时、机械故障占 54 工时。前两项累计频率 61.0%，是无效工的主要原因；停水是次要因素，气候影响、机械故障是一般因素。

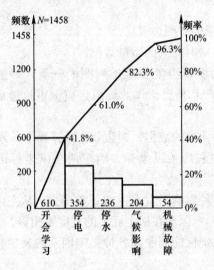

图 2-3　无效工排列图

（5）因果分析图

因果分析图是一种逐步深入研究和讨论质量问题的图示方法。

因果分析图由若干枝干组成，枝干分为大枝、中枝、小枝和细枝，它们分别代表大大小小不同的原因。

1）因果图的作图步骤

① 确定需要分析的质量特性（或结果），画出主干线，即从左向右的带箭头的线。

② 分析、确定影响质量特性的大枝（大原因）、中枝（中原因）、小枝（小原因）、细枝（更小原因），并顺序用箭头逐个标

注在图上。

③ 逐步分析，找出关键性的原因并做出记号或用文字加以说明。

④ 制定对策、限期改正。

2）应用

混凝土强度不合格因素分析因果图如图 2-4 所示。

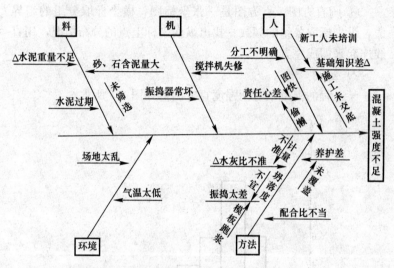

图 2-4　混凝土强度不合格因素分析因果图

（6）直方图

直方图是反映产品质量数据分布状态和波动规律的图表。

1）直方图的作图步骤

① 收集数据，一般数据的数量用 N 表示。

② 找出数据中的最大值和最小值。

③ 计算极差，即全部数据的最大值和最小值之差：

$$R = X_{\max} - X_{\min}$$

④ 确定组数 K。

⑤ 计算组距 h：

$$h = R/K$$

⑥ 确定分组组界

首先，计算第一组的上、下界限值：第一组下界值＝X_{min}－$h/2$，第一组上界值＝X_{min}＋$h/2$；然后，计算其余各组的上、下界限值。第一组的上界限值就是第二组的下界限值；第二组的下界限值加上组距就是第二组的上界限值，其余依次类推。

⑦ 整理数据，做出频数表，用 f_i 表示每组的频数。

⑧ 画直方图。直方图是一张坐标图，横坐标取分组的组界值，纵坐标取各组的频数。找出纵横坐标上点的分布情况，用直线连起来即成直方图。

2）示例

某工程的混凝土时间强度直方图，如图 2-5 所示。

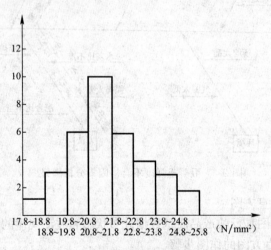

图 2-5　混凝土试件强度直方图

3）直方图图形分析

通过观察直方图的形状，可以判断生产的质量情况，从而采取必要的措施，预防不合格品的产生。

第三章 岗位知识

第一节 材料管理相关的管理规定和标准

1. 规范工程项目材料管理有关规定的主要内容有哪些？

答：根据《建筑法》和《建设工程质量管理条例》的规定，工程项目材料管理的强制性规定包括如下内容：

（1）按合同约定，建筑材料、建筑构配件和设备由工程承包单位采购的，发包单位不得指定承包单位购入用于工程的建筑材料、建筑构配件和设备或指定生产厂、供应商。

（2）工程监理单位与被监理工程的承包单位以及建筑材料、建筑构配件和设备供应单位不得有隶属关系或者其他利害关系。

（3）建筑设计单位对设计选用的建筑材料、建筑构配件和设备、不得指定生产厂、供应商。

（4）建设单位应当依法对工程建设项目的勘察、设计、施工、监理以及与工程建设有关的重要设备、材料等的采购进行招标。

（5）工程监理单位与被监理工程的施工承包单位以及建筑材料、建筑构配件和设备供应单位有隶属关系或者其他利害关系的，不得承担该项建设工程的监理业务。

（6）供水、供电、供气、公安消防等部门或者单位不得明示或暗示建设单位、施工单位购买其指定的生产供应单位的建筑材料、建筑构配件和设备。

2.《建筑法》中确保建筑材料质量的规定有哪些？

答：建筑法中确保材料质量的规定包括：

（1）建筑工程的勘察、设计单位必须对其勘察、设计的质量负责。勘察、设计文件一定符合有关法律、法规的规定和建筑工程质量、安全标准、建筑工程勘察、设计技术规范以及合同的约定。设计文件选用的建筑材料、建筑构配件和设备，一旦注明其规格、型号、性能等技术指标，其质量要求必须符合国家规定的标准。

（2）建筑施工企业必须按照工程设计的要求、施工技术标准和合同的约定，对建筑材料、建筑构配件和设备进行检验，不合格的不得使用。

3. 《产品质量法》中确保建筑材料质量的规定有哪些？

答：《产品质量法》中确保建筑材料质量的规定包括：

（1）产品或其包装上的标识必须真实，并符合下列要求：

1）有产品质量检验合格证明；

2）有中文标明的产品名称、生产厂厂名和厂址；

3）根据产品的特点和使用要求，需要标明产品规格、等级、所含主要成分名称和含量的，用中文相应予以标明。需要事先让消费者知晓的，应当在外包装上标明，或者预先向消费者提供有关资料；

4）限期使用的产品，应当在显著的位置清晰地标明生产日期和安全使用期或者失效日期；

5）使用不当，容易造成产品本身损坏或者可能危及人身、财产安全的产品，应当有解释标志或者中文警示说明。

（2）生产者不得生产国家命令淘汰的产品。

（3）销售者应当建立并执行进货检查验收制度，验明产品合格证明和其他标识。

（4）销售者应当采取措施，保持销售产品的质量。

（5）销售者不得销售国家明令淘汰并停止销售的产品和失效、变质的产品。

4.《建筑工程质量管理条例》中确保建筑材料质量的规定有哪些？

答：《建筑工程质量管理条例》中确保建筑材料质量的规定如下：

（1）按照合同约定，由建设单位采购建筑材料、建筑构配件和设备的，建设单位应当保证建筑材料、建筑构配件和设备符合设计文件和合同要求。

（2）设计单位在设计文件中选用的建筑材料、建筑构配件和设备，应当注明规格、型号、性能等技术指标，其质量必须符合国家规定的标准。除有特殊要求的建筑材料、专用设备、工艺生产线等外，设计单位不得指定生产厂、供应商。

（3）施工单位必须按照设计要求、施工技术标准和合同约定，对建筑材料、建筑构配件、设备和商品混凝土进行检验，检验应当有书面记录和专人签字；未经检验或者检验不合格的，不得使用。

（4）施工人员对涉及结构安全的试块、试件以及有关材料，应当在建设单位或者工程监理单位监督下现场取样，并送具有相应资质等级的质量检测单位检测。

（5）工程监理单位应当选派具有相应资质的总监理工程师和监理工程师进驻施工现场。未经监理工程师签字，建筑材料、建筑构配件和设备不得在工程上使用或者安装，施工单位不得进行下一道工序施工。未经监理工程师签字，建设单位不拨付工程款，不进行竣工验收。

5. 建设工程强制性标准中确保建筑材料质量的规定有哪些？

答：建设工程强制性标准中确保建筑材料质量的规定如下：

（1）在我国境内从事新建、扩建、改建等工程建设活动，必须执行工程建设强制性标准。

171

（2）工程建设强制性标准是指直接涉及工程质量、安全、卫生及环境保护方面的工程建设强制性条文。国家工程建设标准强制性条文由国务院建设行政主管部门会同国务院有关行政主管部门确定。

（3）工程建设中拟采用的新技术、新工艺、新材料，不符合现行强制性标准规定的，应当由拟采用单位提请建设单位组织专题技术论证，报批准标准的建设行政主管部门或国务院有关部门审定。

工程建设中采用国际标准或者国外标准，现行强制性标准未做规定的，建设单位应当向国务院建设行政主管部门或者国务院有关行政主管部门备案。

（4）强制性标准监督检查的内容包括：

1）有关技术人员是否熟悉、掌握强制性标准；

2）工程项目的规划、勘察、设计、施工、验收等是否符合强制性标准的规定；

3）工程项目采用的材料、设备是否符合强制性标准的规定；

4）工程项目的安全、质量是否符合强制性标准的规定；

5）工程项目中采用的导则、指南、手册、计算机软件的内容是否符合强制性标准的规定。

（5）建设单位有下列行为之一的责令改正，并处以 20 万元以上 50 万元以下的罚款：

1）明示或暗示施工单位使用不合格建筑材料、建筑构配件和设备的；

2）明示或暗示设计单位或施工单位违反工程建设强制性标准，降低工程质量的。

6. 常用建筑材料技术标准有哪些要求？

答：标准在广义上讲是指对重复事物和概念所做的统一规定，它以科学、技术和实践的综合成果为基础，经有关方面协商一致，由主管部门批准发布，作为共同遵守的准则和依据。

（1）与工程项目材料的生产和选用有关的标准主要有产品标准和工程建设标准两类。

1）产品标准

产品标准是为保证建筑材料产品的适用性、对产品必须达到的某些或全部要求所制定的标准。其中，包括：品种、规格、技术性能、试验方法、检验规则、包装、储藏、运输等内容。

2）工程建设标准

工程建设标准是对工程建设中勘察、规划、设计、施工、安装、验收等需要协调统一的事项所制定的标准，其中结构设计规范、施工验收规范中，也有与建筑材料选用相关的内容。

（2）现场验收和复验依据的国内标准。

1）国家标准

国家标准由各行业主管部门和国家质量监督检验防疫总局联合发布，作为国家级标准，各有关行业都必须执行。国家标准代号由标准名称、标准发布的组织代号、标准号和标准颁布时间四部分组成。如《混凝土结构设计规范》GB 50010—2010，标准名称为"混凝土结构设计规范"、标准发布的组织机构的代号为GB（国家标准）、标准号为50010、颁布时间为2010年。

2）行业标准

行业标准由各行业主管部门批准，在特定行业内执行，其分为建筑材料（JC）、建筑工程（JGJ）、石化工业（SH）、冶金工业（YB）等，其标准代号组成与国家标准协调。

除以上两种标准以外，国内各地方和企业还有地方标准和企业标准供使用。需要说明的是，有国家标准的必须执行国家标准；没有国家标准但有行业标准的执行行业标准；没有行业标准但有地方标准的执行地方标准；没有国家标准、行业标准、地方标准的，可执行企业标准。

3）国际标准

常用的国际标准有以下几类：

美国材料与试验协会标准（ASTM）等，属于国际团体和公司标准。

德意志联邦国家工业标准（DIN）、欧洲标准（EN）等，属区域性国家标准。

国际标准化组织标准（ISO）等，属于国际性标准化组织标准。

第二节　市场调查与分析

1. 什么是市场？什么是建筑市场？

答：市场是指商品交换的场所，随着商品交换的发展，市场突破了村镇、城市、国家，最终实现了世界贸易乃至网上交易，因而市场可以说是商品交换关系的总和。一般说来，市场是由市场主体、市场客体、市场规则、市场价格和市场机制等构成的。

建筑市场是建筑活动中各种关系的总和。它包括有形市场（如建设工程交易中心），又包括无形市场，如在交易中心之外的各种交易活动及各种关系的处理。建筑市场是一种产出市场，它是国民经济生产体系中的一个子体系。建筑活动是指各类房屋建筑及其附属设施的建造和与其配套的线路、管道、设备的安装活动。所谓交易关系，包括供求关系、协作关系、经济关系、服务关系、进度关系、法律关系等。

2. 建筑市场的特点有哪些？它的构成各由哪些部分组成？

答：（1）建筑市场的特点

建筑市场的特点包括：

1）建筑产品交易一般分三次进行。可行性研究报告阶段，业主与咨询单位之间的第一次交易；勘察、设计阶段，业主与勘察设计单位之间的交易为第二次交易；施工阶段业主与施工单位之间的交易为第三次交易。

2）经注册后产品价格是在招投标竞争中形成的。

3）建筑市场受经济形势与经济政策影响大。

174

（2）建筑市场的构成

建筑市场构成主要包括主体、客体及建设工程交易中心。

1）建筑市场的主体

建筑市场主体是指参与建筑市场交易活动的主要各方，即业主、承包商和过程咨询服务机构、物资供应机构和银行等。

① 业主。指具有进行某个工程项目的需求，拥有相应的建设资金，办妥项目建设的各种准建手续，承担在建筑市场上发包项目建设的咨询、设计、施工任务，以建成该项目达到其经营使用目的的政府部门、企事业单位和个人。

② 承包商是指有一定生产能力、机械装备、技术专长、流动资金，具有承包工程建设任务的营业资质，在工程市场中能按业主方的要求，提供不同形态的建筑产品，并最终得到相应工程价款的建筑施工企业。

③ 中介服务组织是指具有专业服务能力，在建筑市场上受承包方、发包方或政府管理机构的委托，对工程建设进行估算测量、咨询代理、建设等高智能服务并取得服务费用的咨询服务的机构和其他建设专业直接服务机构。

建筑市场各主体之间的合同关系，如图 3-1 所示。

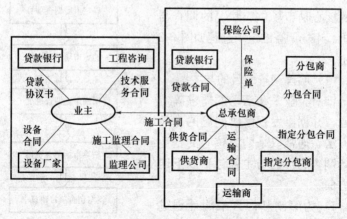

图 3-1　建筑市场各主体之间的合同关系

2）建筑市场的客体

建筑市场的客体是指建筑市场的交易对象，即建筑产品，既包括有形产品，如建筑工程、建筑材料和设备、建筑机械、建筑劳务等；也包括无形产品，如各种咨询、监理等智力型服务。

3）建设工程交易中心

建设工程交易中心是指经过政府主管部门批准，为建设工程交易提供服务的有形建筑市场。交易中心是由建设工程招投标管理部门或政府建设行政主管部门授权的其他机构建立、自收自支的非营利性的企业法人，它根据政府建设行政主管部门委托，实施对市场主体的服务、监督和管理。

3. 什么是市场调查？

答：根据不同主体的不同需要，市场调查可分为营销市场调查和采购市场调查两类。施工企业在建筑市场的交易行为主要是采购活动，所以这里主要介绍采购市场的调查。

采购市场调查是进行需求确定和编制采购计划的基础环节。对于施工企业来说，材料、设备市场调查的核心是市场供应状况的调查与分析。市场调查的组织过程如图 3-2 所示。

（1）明确调查的目的与主题。

针对企业采购活动的需求确定问题，并据以发现解决问题的途径和方法，通常以采购为核心的企业市场调查的目的与主题包括以下四个方面：

1）为编制和修订采购计划进行需求确定。

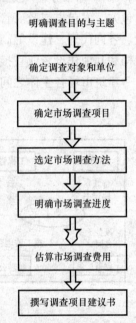

明确调查目的与主题

↓

确定调查对象和单位

↓

确定市场调查项目

↓

选定市场调查方法

↓

明确市场调查进度

↓

估算市场调查费用

↓

撰写调查项目建议书

图 3-2　市场调查的组织过程

176

2）供应商之间的关系和市场竞争状况。

3）企业潜在市场和潜在供应商开发。

4）规划企业采购与供应战略。

（2）确定调查对象和调查单位。

这主要是为了解决向谁调查和由谁来具体提供资料的问题。在确定调查对象和调查单位时，应注意以下问题：

1）应该规定调查对象的范围，以免造成由于界限不清而发生差错。

2）调查单位的确定取决于调查的目的和对象，调查的目的和对象变了，调查单位也要随之变化。

3）不同的调查方式会产生不同的调查单位。

（3）确定市场调查项目。

调查项目是为获得统计资料设立的，设置必须依据调查目标和主体进行设置。调查项目必须紧扣调查主题，其具体作业程序是：为达到调查目的，需要收集哪些资料和基本数据；以及如何取得数据。

（4）为达到既定的调查目的，必须解决的问题是在何处、由何人、以何种方法进行调查才能得到必要的资料，这是保证调查目的实现的基本手段。在调查目的和调查项目确定后，就要研究采用什么样的方法进行调查，调查方法选择必须考虑以下原则：

1）用什么样的方法才能获得尽可能多的情况和资料；

2）用什么样的方法才能如实地获得所需的情况和资料；

3）用什么样的方法才能以最低调查费用获得最好的调查效果。

（5）确定市场调查进度。

调查进度表示将调查过程每一个阶段需完成的任务作出规定，避免重复劳动、拖延时间。确定调查进度，一方面可知道和把握调查的完成进度；另一方面可以控制调查成本，以达到用有限的经费获得最佳效果的目的。生产调查的过程可以分为以下几个阶段：

①策划、确立调查目标；②查找文字资料；③进行实地调查；④对资料进行汇总、整理、统计、分析；⑤市场调查报告初稿完成、追求意见；⑥市场调查报告的修改与定稿；⑦完成调查报告，提交企业或有关部门。

（6）估计市场调查费用。

估计市场调查费用对调查的整体方案必不可少，估算时可将费用考虑周全，对于非常规费用的支出也要充分估计，以便领导决策，估算后要填写市场调查费用估算表，根据管理权限履行审批手续。

（7）撰写调查项目建议书。

通过对调查项目、方式、资料来源及缴费估算等内容的确定，调查人员可按所列项目向企业提出调查项目建议书，对调查程序进行简要说明，以便对企业提出的调查任务做更具体、详细的说明。调查建议书是以调查者的角度对调查目标和调查程序所做的说明。调查项目建议书是供企业审阅和参考使用的，其中内容通常都比较简明、扼要，以便于企业有关人员阅读和理解。

4. 什么是市场分析？

答：市场分析通常包括确定市场分析目标，收集、分析调查资料两个主要环节。

（1）确定市场分析目标

确定市场分析目标就是明确分析预测的目的。其中，一般目的往往比较笼统、抽象，如反映市场变化趋势、生产行情变动、供求变化等。具体的目的是进一步明确这次为什么要预测、预测什么具体问题，要达到什么效果。

市场分析具体操作时，往往遇到较抽象的目标，如购货企业经营状况、供应商的变化、未来企业采购绩效等，这就需要把问题转化为可操作的具体问题。如经营状况可分解为销售量、销售率、供给量、合同出现率、价格变动程度等。

（2）收集、分析调查资料

1）搜集资料

搜集资料的过程就是调查的过程，按照分析预测的目的，主要搜集以下两类资料：

① 市场现象的发展过程资料。

② 影响市场现象发展的各种因素。

2）分析资料

对调查搜集的资料只有经过综合分析、判断，才能正确判断具体市场现象的运行特点和规律，判断市场环境和企业条件变化与影响程度，然后直接预测市场走向，为采购策略的确定提供可靠依据。市场分析的主要工作包括如下三个方面：

① 分析观察期内影响市场诸因素同采购需求的依存关系。

② 分析所调查产品的产、供、销关系。

③ 分析市场整体的采购心理、采购倾向的变化趋势。

5. 采购市场的调查分析机制包括哪些内容？

答：良好的市场分析机制应包括以下三个方面：

（1）建立重要的物资来源记录，以便需要时能随时提出不同的供应商所能供应的材料、设备的规格性能及其可靠性的相关信息。

（2）建立同一类目物资的价格目录，以便采购者能利用竞争性价格得到好处，比如商业折扣和其他优惠服务。

（3）对市场情况进行分析研究，做出预测，使采购者在制定采购计划、决定如何捆包及采取何种采购方式时，能有比较可靠的依据作为参考。

要全面掌握所需物资及服务市场上的产品性能规格和价格信息，需要施工企业、项目部、业主、采购代理机构通力合作来承担。

第三节 招投标和合同管理的基本知识

1. 工程项目货物招标文件包括哪些内容？

答：（1）投标邀请书。

（2）投标人须知。

（3）投标文件格式。

（4）技术规范、参数及其他要求。

（5）评标标准和方法。

（6）合同主要条款。

2. 政府采购项目货物招标文件包括哪些内容？

答：根据财政部发布的《政府采购货物和服务招标投标管理办法》的规定，政府采购项目货物招标文件的内容包括：

（1）投标邀请。

（2）投标人须知（包括密封、签署、盖章要求等）。

（3）投标人应当提交的资质、资信证明文件。

（4）投标报价要求、投标文件编制要求和投标保证金交纳方式。

（5）招标项目的技术规格、要求和数量、包括附件、图纸等。

（6）合同主要条款和合同签订方式。

（7）交货和提供服务的时间。

（8）评标方法、评标标准和废标条款。

（9）投标截止时间、开标时间和地点。

（10）省级以上财政部门规定的其他事项。

3. 机电产品国际招标文件包括哪些内容？

答：机电产品国际招标文件编制时应按照商务部颁布的《机电产品国际招标投标实施办法》的规定和国际招标的程序进行招标文件的编制，可参照《机电产品采购国际竞争性招标文件》范本。机电产品国际招标文件的内容包括：

（1）投标邀请书。

（2）投标人须知。

（3）招标产品名称、数量、技术规格。

（4）合同条款。

（5）合同格式。

（6）附件。

招标文件与施工招标文件相同也要经过招标管理部门审批，审批程序与施工、监理招标文件审批程序相同。

4. 材料、设备评标过程包括哪些内容？

答：（1）组建评标机构

评标由评标委员会负责。如果不采用国际招标的方式，就应当按照《招标投标法》的规定，以原国家计委等七部门联合发布的《评标委员会和评标办法暂行规定》的相关规定及国家发改委和六部门联合发布的《工程建设项目货物招标投标办法》的规定进行评标。采用国际招标方式的，按照商务部《机电产品国际招标投标实施办法》的规定进行评标。

评标委员会应由招标代表或其委托的招标代理机构的代表和有关技术、经济等专业专家 5 人以上的单数组成，并且技术、经济方面的专家不得少于成员总数的 2/3。评标专家组成员须从省级以上建设工程招标专家库里随机抽取。

（2）评标程序

1）机电产品国际招标的评标。

首先，对投标文件进行符合性检查，达到招标文件规定的情况下，接下来进入商务标评标阶段。对于通过商务评标的，再进一步进行技术评标。

2）政府采购项目的货物招标的评标。

① 初审。包括投标资格检查和符合性检查。资格检查是对投标文件中证明、投标保证金等进行审查，以确定投标供应商是

否具备投标资格；符合性检查是对投标文件的有效性、完整性和对招标文件的响应程度进行审查，以确定是否对招标文件的实质性要求作出响应。

②澄清。对招标文件中含义不明确、对同类问题标表述不一致或明显文字或计算错误的内容作必要的澄清、说明或补正。

③比较与评标。招标文件规定的评标方法和标准，对资格性检查和符合性检查合格文件进行商务评估和技术评估，综合比较与评价。

④推荐招标候选人。中标候选供应商数量应当根据采购需要确定，但必须按顺序排列中海选供应商来确定。

⑤其他非政府采购项目或采用国际招标方式进行的设备、材料的招标采购。

3）评标准备。这一阶段主要任务在于研究、熟悉以下内容：

①招标的目的；

②招标的性质；

③招标文件中规定的主要技术要求、标准和商务条款；

④招标文件规定的配备标准、评标方法和其他评标中要考虑的因素。

4）初步评审。包括符合性检查和资格检查两方面。符合性检查主要是对投标文件的完整性、编排的合理性、签署的合格性以及投标保证金是否提交、计算有无误差等基本项目进行审查，也称为符合性检查。资格检查是对投标文件是否实质性响应招标文件所要求的全部条款、条件和规定进行审查，如无实质性偏差，则视为审查通过；反之，投标将被拒绝。对于属于重大偏差的投标文件，应认定为没有对招标文件作出实质性响应，作废标处理。

5）详细评审。是指对通过初步评审的投标文件，进行商务、技术部分的详细评审，具体评标方法在招标文件中应予以明确规定。详细评审的内容包括按招标文件规定的计算方法纠正计算上的误差，调整不导致废标的细微偏差。在评标过程中，发现如有投标人的报价明显低于其他投标人的投标报价，或在设有标底的情况下低于标底时，可要求该投标人提供证明材料并予以书面澄清。不能合理说明或不能提供证明材料的，由评标委员会认定该投标人以低于成本价竞标，其投标应作废标处理。

6）编制评标报告。评标结束后，评标委员会应当推荐按顺序排列的招标候选人1～3名并标明排列顺序。评标委员会应当编制书面评标报告并提交投标人，评标报告须由全体评委会成员签字。

5. 怎样计算和确定标价？

答：（1）合同标价计算的依据

投标建设项目的标底按定额编制，代表行业的平均水平。标价是企业自定的价格，反映企业的管理水平、装备能力、技术能力、劳动效率和技术措施等。因此，不同投标单位对同一建设项目的报价是不同的。计算报价的主要依据有以下几个方面：

1）招标文件，包括工程范围、技术质量和工期的要求等；

2）施工图纸和工程量清单；

3）现行的预算基价、单位估价表及收费标准；

4）材料预算价格、材差计算的有关规定；

5）施工组织设计或施工方案；

6）施工现场条件；

7）影响市场报价的信息及企业内部相关的因素。

（2）标价的费用组成

投标报价的费用由直接费、间接费、利润、税金、其他费用和不可预见费等组成。投标费用包括购买标书文件费、投标期间差旅费、编制标书费等。不可预见费是指报价中难以预料的工程费用，在报价中可视情况适当考虑。

（3）标价的计算与确定

1）计算出预算造价

按计价方法计算出预算造价，这一价格接近于标底，是投标报价的基础。

2）分析各项技术经济指标

把投标建设的项目各项技术经济指标与同类型建设项目的相关指标对比分析，或用其他单位报价资料加以分析、比较，从而发现报价中的不合理内容并作调整。

3）考虑报价技巧与策略、确定标价

投标报价应根据建设项目条件和各种具体情况来确定。报高标的利润高，但中标率低；报低标的利润低，但中标率高。一般情况下，报价为工程成本的 1.15 倍时，中标概率较高，企业的利润也比较好。

6. 工程建设项目合同的含义是什么？

答：工程建设项目合同的含义

合同是平等主体的自然人、法人、其他组织之间设立、变更、终止民事权利义务关系的协议。合同是审查经济中广泛进行的法律行为。

在建设工程合同的订立中，承包人一方存在着激烈的竞争（如施工合同的订立中，施工单位的激烈竞争是建设单位进行招标的基础），仍需双方当事人协商一致，发包人不能将自己的意愿强加给承包人。双方订立的合同即使是协商一致的，也不能违反法律、法规，否则合同就是无效的，如施工单位超越资质等级许可的业务范围订立的施工合同，该合同就没有法律约束力。

7. 合同的形式有哪些？合同的内容有哪些？

答：（1）合同的形式

合同的形式是当事人意思表示一致的外在表现形式。合同的形式可分为书面形式、口头形式和其他形式。

1）口头合同

口头合同是以口头语言形式表现合同内容的合同。在日常的商品交换，如买卖、交易关系中，口头合同被广泛应用。其特点是简便、迅速、易行；缺点是一旦发生争议就难以查证，对合同的履行难以形成法律约束力。口头合同要建立在双方互相信任的基础上，适用于不太复杂、不易产生争执的经济活动中。如电话订货作为口头要约，也是被承认的。

2）书面合同

书面合同是指用文字书面表达的合同。对于数量较多、内容比较复杂以及容易产生争执的经济活动必须采用书面形式的合同。它有以下优点：

1）有利于合同形式和内容的规范化。

2）有利于合同管理规范化，便于管理、检查和监督，有利于双方依约执行。

3）有利于合同的执行和争议的解决，举证方便，有凭有据。

4）有利于有效地保护合同双方当事人的权益。

书面合同是最常用也最重要的合同形式，人们通常所指的合同就是这一类。如果以合同形式的产生依据划分，合同形式可分为法定形式和约定形式。合同的法定形式是指法律直接规定合同应当采取的形式。如《合同法》规定，建设工程合同必须采用书面形式，当事人不能对合同形式加以选择。合同的约定形式是指法律没有对合同形式作出要求，当事人可以约定合同采用的形式。

（2）合同的内容

合同的内容由当事人约定，这是合同自由的体现。《合同法》规定了合同一般应当包括的条款，但具备这些条款不是合同成立的必要条件。建设工程合同也应包括这些内容，但由于建设工程合同往往比较复杂，合同中的内容并不全部在狭义的合同文本中，如有些在工程量表中反映，有些在质量标准中反映。

建设工程合同的主要内容包括以下几个方面：

1）合同当事人

合同当事人指签订合同的各方，是合同的权利和义务的主体。当事人是平等主体的自然人、法人或其他经济组织。但对具体种类的合同，当事人还应具有相应的民事权利能力和民事行为能力。政府依法维护经济秩序的管理活动，法人或经济组织内部的管理活动，和其他法律法规约束的事项不适用于《合同法》。

2）合同标的

合同标的是合同双方当事人的权利、义务共同的对象。它可能是实物、行为、服务性工作、智力成果等。工程承包合同的标的是完成工程项目。无标的或标的不明确，合同不成立也无法履行，所以，标的是合同必须具备的条款。

3）数量

数量是衡量合同标的多少的尺度，以数字和计量单位表示。没有数量或数量规定不明确，当事人双方权利和义务的多少，合同是否完全履行都无法确定。施工合同中的数量主要体现的是工程量的大小。

4）质量

质量是标的内在品质和外观形态的综合指标。签订合同时必须明确质量标准。合同对质量标准的约定应得当是准确而具体的，对于技术上较为复杂和容易引起歧义的词语、标准，应当加以说明和解释。对于强制性的标准，当事人必须执行，合同约定的质量不得低于该强制性标准；对于推荐性标准，国家鼓励采用。当事人没有约定质量标准时，如果有国家标准，则以国家标准执行；没有国家标准，则以行业标准执行；没有行业标准，则以地方标准执行；没有地方标准，则以企业标准执行。建筑工程当事人的约定不能低于上述强制性标准。

5）价款或报酬

价款或报酬是当事人一方向交付标的的另一方支付的货币。标的物的价款应当由当事人双方协商，但必须符合国家的物价政策，劳务酬金也是如此。合同条款中应写明有关银行结算和支付方法的条款。

6）合同期限、履行地点和方式

合同期限是指履行合同的期限，即从合同生效到履行结束的时间。履行地点是指合同标的物所在地。工程承包合同的履行地点就是工程文件规定的工程所在地。

7）违约责任

合同一方或双方因过失不能履行或不能完全履行合同责任而侵犯了另一方权利时所应负的责任。违约责任是合同的关键条款之一。没有违约责任，则合同双方难以形成法律约束力，难以确保圆满履行，发生争执也难以解决。

8. 建设工程项目合同的特征有哪些?

答：建设工程项目合同又称为建设工程合同，是承包人进行工程建设、发包人支付价款的合同。也可以说，是项目业主或其代理人与项目承包商或供应商为完成一个确定的项目所指的目标或规定的内容，明确双方的权利义务关系而达成的协议。

（1）经济法律关系多元性

工程项目合同在签订和实施过程中会涉及多方面的关系，建设方、咨询监理方、分包商、材料及构件供应商、设备加工商、银行、保险等众多单位，大型工程各单位之间的利益关系就更为复杂。这些关系都要通过经济合同来体现。

（2）合同执行周期长

这是由建筑工程项目自身形体庞大和实施周期长的特点决定的。在长时期内，如何保证及时实现合同约定的权利，履行合同约定的义务是工程项目合同管理中始终应注意的问题。

（3）合同内容条款多

由于工程项目经济法律关系的多元性以及工程项目的单件性，其所决定的每个工程项目特殊性和建设项目受多方面、多因素制约和影响，都要相应地反映在工程项目合同中，所以工程项目合同除了工作范围、工期、质量、造价等一般条款外，每个项目还有特殊条款，并涉及保险、税收、文物、专利等多项内容。因此，在项目管理中应仔细斟酌，认真分析研究每个条款。

（4）合同涉及面广

合同的签订和实施过程中会涉及多方面的关系。在合同管理中，必须注意项目合同涉及面广的特点。

（5）合同风险大

建设项目的多元性、复杂性、多变性、履约周期长等特性及金额大、市场竞争激烈等，构成和增加了项目承包合同的风险性。

9. 签订合同的原则有哪些?

答：（1）平等的原则

合同当事人的法律地位平等，即享有民事权利和承担民事义务的资格是平等的，一方面不得将自己的意志强加给另一方。在订立建设工程合同中，双方当事人的意思必须是完全自愿的，不能是在强迫和压力下所作出的非自愿的意思表示。因为建设合同的签订和履行是平等主体之间的法律行为，发包人和承包人的地位平等，只有订立建设工程合同的当事人平等协商，才能订立意思表示一致的协议。

（2）自愿的原则

自愿的原则是合同法重要的基本原则，也是市场经济的基本原则之一，也是一般国家的法律准则。自愿的原则体现了签订合同作为民事活动的基本特征。当然，合同自愿的原则是要受法律限制的，这种限制因不同的合同而有所不同。相对而言，鉴于建设合同的重要性较高，法律法规对其干预较多，对当事人的合同自愿的限制也较多。如工程建设合同内容中质量的条款，必须符合国家质量标准；建设合同的形式必须采用书面形式等。

（3）公平的原则

合同是通过权利和义务、风险与利益的结构性配置来调节当事人的行为，公平的本义和价值取向应均衡当事人利益，一视同仁、不偏不倚、等价合理。公平原则主要表现为当事人平等、自愿，当事人权利义务的等价有偿、协调合理、当事人风险的合理分担，防止权利滥用和避免义务加重等方面。

（4）诚实信用原则

建设工程合同当事人行使权利、履行义务应当遵循诚实信用的原则。这是市场经济活动中形成的道德准则，它要求人们在交易活动（订立和履行合同）中讲究信用、恪守诺言。不论是发包人还是承包人，在行使权利时都应当充分尊重他人和社会的利益，对约定的义务要真实地履行。具体包括：在合同订立阶段，如招投标时，在招标文件和投标文件中应当如实地说明自己和项目的情况；在合同履行阶段，应当相互协作，如发生不可抗力时，应当相互告知并尽量减少损失。

（5）遵守法律和公共秩序的原则

遵守法律和公共秩序的原则是对合同自愿原则的必要限制，当事人在订立、履行合同时，都应当遵守国家的法律，在法律的约束下行使自己的权利，不能违反公共秩序和损害社会公众利益。

10. 合同的三大要素是什么？

答：合同应具备三大要素，即主体、标底和内容。

（1）主体（签约双方当事人）。合同的当事人可为自然人、法人和其他组织，且合同当事人的法律地位平等，一方不能将自己的意愿强加给另一方。依法成立的合同具有法律约束力，当事人应当按照合同约定履行各自的义务，不得擅自变更或解除合同。

（2）标的（又称为客体）。是当事人权利和义务共同指向的对象，如建设工程项目、货物、劳务等，标的应规定明确，切忌含糊不清。

（3）内容。指合同当事人之间的具体权利和义务。

合同中确立的权利和义务，必须是当事人依法可以享有的权利和能够承担的义务，这是合同具有法律效力的前提。在建设工程合同中，发包人必须具有已经合法立项的项目，承包人必须具有承担任务的相应的能力。如果在订立合同中有违法行为，当事人不仅达不到预期的目的，还应根据违法情况承担相应的法律责任。如在建设合同中，当事人是通过欺诈、胁迫等手段订立的合同，则应当承担相应的法律责任。

11. 诉讼时效的含义是什么？怎样确定诉讼时效的时间？

答：（1）诉讼时效的概念

诉讼时效也称消灭时效，是指权利人在法定期间内，未向人民法院提出诉讼请求保护其权利时，法律规定消灭其胜诉权的制度。

（2）诉讼时效时间

《民法通则》关于诉讼时效规定如下：

1）短期诉讼时效时间

下列的诉讼时效期间为一年：

① 身体受到伤害要求赔偿的；

② 出售不合格商品未声明的；

③ 延付或者拒付租金的；

④ 寄存货物被丢失或者损毁的。

2）普通诉讼时效

《民法通则》还规定，向人民法院请求保护民事权利的诉讼时效为两年，法律另有规定的除外。

3）特殊诉讼时效时间

我国《涉外经济合同法》第 39 条规定，货物买卖合同争议提起诉讼或仲裁的期限为四年；《技术合同法》第 52 条规定，技术合同争议的诉讼时效和申请仲裁的期限为一年；《专利法》第 61 条规定，侵犯专利权的诉讼时效为两年；《经济合同法》第 43 条规定，经济合同争论申请仲裁的期限为两年。

12. 建设工程材料、设备采购合同签订的原则是什么？

答：（1）依法原则

必须依据《中华人民共和国合同法》、《中华人民共和国建筑法》、《建筑工程勘察设计合同条例》、《建筑安装工程承包合同条例》及有关法律、法规等的相关规定进行，合同的内容、形式均不得违背以上法律、法规。

（2）严肃性与强制性的原则

建筑工程材料、设备采购合同是实施工程项目的法律依据，它把当事人的责任、权利和义务都纳入了法制轨道。任何一方违反合同条款给对方造成损失时，受损方有权要求对方按合同履行义务，亦可依法申请解除、仲裁和提出诉讼，要求对方补偿或赔偿损失。

（3）等价有偿原则

发包方和承包方作为签订合同的双方当事人，其权利和义务是对等的，其经济法律地位亦为平等的。没有主从关系，不允许一方压制另一方的现象存在。合同的变更和解除亦需经双方共同认可。

（4）严密性原则

建设项目是一项耗资大、工期长、涉及面广、情况复杂的系统工程，要求承包合同的各项条款一定要细致、严密，签订时要考虑到各种可能发生的情况及易引起误解和纠纷的因素。

（5）协作精神

履行合同是双方当事人的共同行为。只有团结互助、相互支持、认真履行义务，才能顺利完成合同规定的任务并享受自身的权利。

13. 怎样履行、变更和解除工程建设合同？

答：（1）工程建设材料、设备采购合同的履行

建设材料、设备采购合同的履行是指承包合同生效后，双方当事人都必须严格按照承包合同的规定，全面履行自己的义务。合同的履行分为以下几种。

1）分期履行。它是指当事人一方或双方不在同一时间和地点以整体的方式履行完毕全部约定义务的行为。它是相对于一次

性履行而言的，如分期交货、分期付款买卖合同、按工程进度分期付款的工程建设合同等。如果一方不按约定履行某一期次的义务，则对方有权请求违约方承担该期次的违约责任；如果对方也是分期次履行且没有履行先后次序，一方不履行某一期次的义务时，对方可作为抗辩理由，也不履行相应的义务。分期履行的义务，不履行某一期次的义务时，对方是否可以解除合同需要根据该一期次的义务对整个合同履行的地位和影响来确定。一般情况下，不履行某一期次的义务，对方不能因此解除全部合同，如发包方未按约定支付某一期工程款的违约救济，承包方只可主张延期交付工程项目，却不能解除合同。但是不履行的期次具备了法定解除条件，则允许解除合同。

2）部分履行。它是指根据合同义务在履行期届满后的履行范围按满足程度而言的。履行期届满，全部义务得以履行的为全部履行，但只有其中一部分义务得以履行的称为部分履行。部分履行的同时意味着部分不履行。在时间上适用的是到期履行。履行期限表明义务履行的时间界限，是适当履行的基本标志。作为一个规则，债权人在履行期届满后有权要求其权利得到全部满足。对于到期合同，债权人有权拒绝部分履行。

3）提前履行。它是指债权人在合同约定的履行期限界限届至以前，就向债权人履行给付义务的行为。多数情况下，提前履行债务对债权人是有利的。但在特定的情况下，提前履行也可能构成对债权人的不利。如买卖合同的提前履行可能使债权人的仓储费用增加，对鲜活产品的提前履行可能增加债权人的风险等。债权人可能拒绝接受债务人的提前履行，但若提前履行对债权人有利，债权人应当接受提前履行。提前履行可视为对合同履行期限的改变。

（2）工程建设材料、设备采购合同的变更

建设工程材料、设备采购承包合同的变更是指因一定原因而改变合同内容的法律行为，其特征是：

1）合同双方对变更事项必须达成一致意见；

2）改变合同内容、修改合同条款；

3）产生新的合同义务和补偿因合同变更给当事人造成的损失。

（3）建设工程材料、设备采购合同的解除

建设工程承包合同的解除是因发生一定事实而消灭合同对双方约束力的法律行为。国家法律规定，变更和解除工程承包合同应具备下列条件：

1）在不损害国家利益和影响国家计划的前提下，建设单位和承包单位经协商同意，可变更和解除工程承包合同。

2）工程承包合同所依据的国家或地方基建计划修改或取消，法律允许变更或解除合同。

3）一方当事人由于关闭、停产、转产、破产而无法继续履行合同，允许变更或解除合同。

4）由于不可抗力或一方当事人虽无过错但无法防止的原因，致使无法按原合同内容履行，允许变更或解除合同。

5）因一方违约，使合同的履行成为不必要。此情况下，双方当事人有权按规定程序解除合同，并有权要求赔偿由此而造成的损失。

14. 建设工程材料、设备采购合同纠纷解决的途径有哪些？

答：（1）协商

《合同法》规定，发生合同争议时，当事人应尽可能通过协商解决。协商即合同双方在自愿互谅的基础上通过谈判达到解决纠纷的协议。

（2）调解

《合同法》规定，合同发生纠纷，当事人协商未成功，任何一方均可向国家规定的专门机关申请调解和仲裁。

调解是在第三方（上级主管部门、合同管理机关）的参与下，以事实、合同条款和法律法规为依据，通过对当事人说服、使合同双方自愿、公平地达成解决纠纷的协议。如双方经调解后达成协议，由双方和调解人共同签订调解协议书，它具有法律效力。如果一方对协议反悔，必须在接到调解协议书之日起 15 天内向国家规定的仲裁机关申请仲裁，也可直接向人民法院起诉。

调解在法律上不是必经程序也不是最终程序。当事人可任意选择调解、仲裁和起诉这三种手段，不通过调解也可直接仲裁起诉。

（3）仲裁

是合同仲裁机关对合同纠纷所进行的裁决。仲裁不是由司法机关进行的，也不是诉讼的必经程序或前提条件。除法律另有规定外，当事人未经仲裁或对仲裁不服，在受到裁决书后 15 日内可向法院起诉。

我国《经济合同仲裁条例》规定，仲裁机构对下列申请不予受理：

1）已向法院起诉；

2）超过诉讼时效的一般不予受理，但侵权人愿意承担债务的不受此限。

3）不属于仲裁机构管辖的案件（如建筑工程承包合同纠纷由建筑物所在地的仲裁机构管辖）。

（4）诉讼

是通过司法程序解决纠纷。法院在判决前再作一次调解，如仍然达不成协议，可依法判决。经济诉讼的管辖一般由被告住所地法院管辖。当事人对管辖权有异议的，应在提交答辩状期间提出。法院对当事人提出的异议应进行审查，如异议成立，裁定将案件移送有管辖权的法院；异议不成立的，裁定驳回。

15. 工程项目管理中的索赔的概念和特征是什么？

答：（1）索赔的概念

索赔是当事人在合同实施过程中，根据法律、合同规定及惯例，对不应由自己承担责任的情况造成的损失，向合同的另一方当事人提出给予赔偿和补偿要求的行为。

建筑工程索赔通常是指在工程材料、设备采购合同履行过程中，合同当事人一方因非自身因素或对方不履行或未正确履行合同而受到经济损失或权利损害时，通过一定的合法程序向对方提出经济或时间补偿的要求。索赔是一种正当的权利要求，是一种以法律和合同为依据、合情合理的行为。

（2）索赔的特征

1）索赔是双向的，不仅承包人可以向发包人索赔，采购人同样也可以向供货人索赔。由于实践中发包人向承包人索赔发生的频率相对较低，而且在索赔处理中，采购人始终处于主动和有利地位，对供货人的违约行为可以直接从应付工程款中扣抵、扣留保留金或通过履约保函向银行索赔来实现自己的索赔要求。因此，在工程实践中大量发生、处理比较困难的是供货人向采购人的索赔。

2）只有实际发生了经济损失或权利损害，一方才能向对方索赔。经济损失是指因对方因素造成合同外的额外支出，如人工费、材料费、机械费管理费等额外开支；权利损害是指虽然没有经济上的损失，但造成了一方权利上的损害，因此发生了实际的经济损失或权利损害，应是一方提出索赔的一个基本前提条件。

3）索赔是一种未经对方确认的单方行为，对对方尚未形成约束力，这种索赔要求能否得到最终实现，必须要通过确认（如双方协商、谈判、调解或仲裁、诉讼）后才能实现。

因此，归纳起来，索赔具有如下一些本质特征：

1）索赔是要求给予补偿（赔偿）的一种权利、主张。

2）索赔的依据是法律法规、合同文件及工程建设惯例，但主要是合同文件。

3）索赔是因非自身原因导致的，要求索赔一方没有过错。

4）与合同相比较，已经发生了额外的经济损失或工期损害。

5）索赔必须有切实有效的证据。

6）索赔是单方行为，双方没有达成协议。

16. 判定索赔成立的条件有哪些？索赔的程序包括哪些方面？

答：（1）判定索赔成立的条件

1）与合同对照，事件已造成承包人施工成本的额外支出或总工期延误。

2）造成费用增加或工期延误的原因，按照合同约定不是承包人应承担的责任，包括行为责任和风险责任。

3）承包人按合同约定的程序提交了索赔意向通知和索赔报告。

以上三条是并列关系，没有先后顺序，必须同时具备。只有监理工程师认定索赔成立后，才处理应给予承包人的补偿费。

（2）索赔的程序

1）提出索赔要求，报送索赔资料。

2）会议协商解决。

3）邀请中间人调解。

4）提交仲裁加以公断。

17. 在材料、设备采购合同双方发生纠纷或违约事件应如何处理？

答：（1）合同纠纷

在施工合同双方发生纠纷时，当事人应及时协商解决。协商不成时，任何一方均可向国家规定的合同管理机关申请调解和仲裁，也可以直接向人民法院起诉。经仲裁和调解达成协议，当事人应当履行。仲裁做出的裁决，由国家规定的合同管理机构制作仲裁决定书，当事人一方或双方对仲裁不服的，可在收到仲裁决定书之日起 15 天内向人民法院起诉。期满不起诉的裁决即具有法律效力。

（2）合同违约

违约情况表现在以下几个方面：

1）由于当事人一方的过错，造成经济合同不能履行或者不能完全履行，由有过错的一方承担违约责任；如属双方的过错，根据实际情况，由双方分别承担各自应负的违约责任。对由于失职、渎职或其他违约行为造成重大事故或严重损失的直接责任者个人，应当追究经济、行政责任直至刑事责任。

2）由于上级领导机关或业务主管机关的过错，造成经济合同不能履行或不能完全履行的，上级领导机关或业务主管机关应承担违约责任，应先由违约方按规定向对方偿付违约金或赔偿金，再由应负责任的上级领导机关或业务主管机关负责处理。

3）当事人一方由于不可抗力的原因不能履行经济合同时，应向对方通报不能履行或者需要延期履行、部分履行经济合同的理由，在取得有关主管机关证明以后，允许延期履行、部分履行或者不履行，并可根据情况部分或全部免于承担违约责任。

4）当事人一方违反经济合同时，应向对方支付违约金。如果由于违约已给对方造成的损失超过违约金的，还应进行赔偿，补偿违约金不足的部分。对方要求继续履行合同的，应继续履行。

18. 建筑工程材料、设备采购合同如何进行变更和解除？

答：发生下列情况之一时，允许变更或解除施工合同：

（1）当事人双方经过协商同意，并且不因此损害国家利益和社会公共利益。

（2）由于不可抗力致使合同的全部义务不能履行。

（3）由于另一方在合同约定的期限内没有履行合同。

对于（1）导致的合同变更或解除，双方应经过协商，以书面形式确认。对于（2）、（3）导致的合同实际无法完全履行时，当事人一方有权通知另一方解除合同。

19. 设备采购合同的履行包括哪些内容？

答：（1）交付货物

1）供货方应在发运前合同约定的时间内向采购方发出通知，

采购方在接到发运通知后及时组织有关人员做好现场接货的准备工作。

2）供货方在每批货物发出 24h 内，应以电报或传真将该货物的如下内容通知采购方：合同号；机组号；货物发运日；货物名称、货物编号及价格；货物总毛重；货物总体积，总包装件数；交运车站（码头）的名称，车号（船号）和运单号；特大型货物的名称、重量、体积和件数，对每件该类设备（部件）还必须标明重心和吊点位置并附有草图。

3）如果是发运到铁路或水运场站，采购方应组织人员按时到运输部门提货。

4）如果由于采购方或现场原因要求供货方推迟发货时，应及时通知对方并承担推迟期间的仓储和必要的保养费。

（2）到货检验

1）检验程序

① 货物到达目的地后，采购方向供货方发出到货检验通知，采购方应与对方代表进行检验。

② 货物清点。双方代表共同根据运单和装箱单对货物的包装、外观和件数进行清点。如果发现任何不符之处，经双方代表确认属于供货方责任后，由供货方处理解决。

③ 开箱检验。货物运到现场后，采购方应尽快与供货方共同开箱检验，如果采购方未通知供货方而自行开箱或每一批设备到达现场后在合同规定的时间内不开箱，产生的后果由采购方承担。双方共同检验货物的数量、规格和质量，检验结果和记录对双方有效，并作为采购方向供货方提出索赔的证据。

2）损害、缺陷、缺少的合同责任

① 现场检验时，如发现设备由于供货方原因（包括运输）有任何损害、缺陷、缺少或不符合合同中规定的质量标准和规范时应做好记录，并由双方代表签字，各执一份，作为采购方向供货方提出修理或更换索赔的依据。如供货方要求采购方修理损坏的设备，所有修理设备的费用由供货方承担。

② 如果采购方发现损坏或短缺，供货方在接到采购方通知后应尽快提供或替换相应部件，但费用由采购方自负。

③ 供货方如果对采购方提出的修理、更换、索赔的要求有异议，应在接到采购方书面通知后合同约定的时间内提出；否则，上述要求即告成立。如有异议，供货方应在接到通知后派代表赴现场同采购方代表共同复检。

④ 双方代表在共同检验中对检验记录不能取得一致意见时，可由双方委托的权威第三方检验机构进行裁定检验。检验结果对双方都有约束力，检验费用由责任方承担。供货方在接到采购方提出的索赔通知后，应按合同约定的时间尽快处理、更换或补发短缺部分，由此产生的制造、修理和运费及保险费均应由责任方负担。

（3）供货方的施工或现场服务

1）现场服务的内容

按照合同约定不同，设备安装可由供货方负责，也可以在供货方提供必要的技术服务条件下由采购方负责。如果由采购方负责设备安装，供货方应该提供的现场服务的内容包括：

① 派出必要的现场服务人员。供货方现场服务人员的职责包括指导安装和调试；处理设备的质量问题；参加试车和验收试验。

② 技术交底。安装和调试前，供货方的技术人员应向安装技术人员进行技术交底，讲解和示范将要进行工作的程序和方法。对合同约定的重要工序，供货方的技术人员要对施工情况进行确认和签证；否则，采购方不能进行下一道工序。经过确认和签证的工序，如果因技术人员指导错误而发生问题，由供货方负责。

2）安装、调试的工序

① 整个安装、调试的过程应在供货方现场技术服务人员指导下进行。安装、调试过程中若采购方未按供货方的技术资料规定和现场技术服务人员指导、未经供货方现场技术服务人员确认

而出现问题，采购方自行负责（设备质量问题除外）；若采购方按供货方技术资料和现场技术服务人员的指导进行而出现的问题，供货方承担责任。

② 设备安装完毕后的调试工作由供货方的技术人员负责或采购方的人员在其指导下进行。供货方应尽快解决调试中设备出现的问题，其所需时间不超过合同约定的时间；否则，将视为延误工期。

（4）设备验收

1）启动试车

安装调试完毕后，双方共同参加启动试车的检验工作。试车分为无负荷空运和带负荷试运行两个步骤进行。无负荷空运试车阶段应按技术规范要求的程序维持一定的持续时间，以检验设备质量。试验合格后，双方在验收文件上签字，正式移交采购方进行试生产运行。如果检验不合格属于设备质量原因，由供货方负责修理、更换并承担全部费用；如果是由于工程施工质量问题，由采购方负责拆除后纠正缺陷。不论何种原因，试车不合格经过修理或更换设备后再次进行试车试验，直到满足合同规定的试车质量要求为止。

2）性能验收

性能验收又称为性能指标达标考核。启动试车只能检验设备安装完毕后是否能够顺利、安全运行，但各项具体的技术性能指标是否达到供货方在合同内承诺的保证值还无法判定，因此，合同中均要约定设备移交试生产稳定运行多少个月后进行性能测试。由于合同规定的性能验收时间已在供货方正式投产运行期，所以，这项验收试验由采购方负责，供货方参加。

性能验收试验完毕每台同类设备都达到合同规定的保证值指标时，双方共同协商后，可以根据缺陷或技术指标试验值与供货方在合同内的承诺值偏差程度按下列原则区别对待：

① 在不影响合同设备安全、可靠运行的条件下，如有个别微小缺陷，供货方在双方商定的时间内免费修理，采购方同意签

署初步验收证书。

② 如果第一次性能试验验收达不到合同规定的一项或多项性能保证值则双方共同分析原因，划清责任，由责任一方采取措施，并在第一次验收试验结束后合同约定的时间内进行第二次验收试验。如能顺利通过，则签署初步验收证书。

③ 在第二次性能验收试验后，如仍有一项或多项指标未能达到合同规定的保证值，按责任的原因分别对待。属于采购方的原因，合同设备应被认为初步验收通过，此后供货方仍有义务与采购方一起采取措施使合同设备性能达到保证值。属于供货方的原因，则应按照合同约定的违约金计算方法赔偿采购方的损失。

④ 在合同设备稳定运行规定的时间后，如果由于采购方的原因造成性能验收试验的延误超过约定的期限，采购方也应签署设备初步验收证书，视为初步验收合格。

初步验收证书只能证明供货方提供的合同设备的性能和参数截止出具初步验收证明时可以按合同要求接受，但不能视为供货方对合同设备中存在的可能引起合同设备损坏的潜在缺陷所应负的责任解除的证据。所谓潜在的缺陷，指在正常情况下不能在制造过程中被发现的设备隐患。对于潜在缺陷，供货方应承担纠正缺陷的责任。当发现这类潜在缺陷时，供货方应按照合同的规定修理或调换。

（5）最终验收

1）合同内应约定具体的设备保证期限，保证期从前方初步验收证书之日起计算。

2）在保证期内的任何时候，当供货方提出由于其责任原因未能达标而需进行检查、试验、再试验、修理或调换时，采购方应做好安排和组织配合，以便进行上述工作。供货方应承担修理和调换的费用，并按实际修理和更换设备停运所延误的时间将质量保证期限作相应的延长。

3）合同保证期满后，采购方应在合同规定的时间内向供货方出具合同设备最终验收证书，条件是此前供货方已完成保证期满前的工作,设备的运行质量符合合同约定。

4) 从每套合同设备最后一批交货到达现场后之日起,如果因采购方原因在合同约定的时间内未能进行运行和性能验收试验,期满后即视为通过最终验收。采购方和供货方共同协商后签发合同设备的最终验收证书。

20. 工程项目合同示范文本作用是什么?

答:(1) 合同示范文本的概念和作用

合同示范文本是针对当事人缺乏订立合同的经验和必要的法律常识,由有关部门和行业协会制定的范本,目的在于指导合同当事人订立合同。合同示范文本对合同当事人的权利义务进行陈列,以便当事人订立合同时参考,它的作用是提醒合同当事人在订立合同时,更好地明确各自的权利义务,防止事后发生合同纠纷。

(2) 我国工程项目合同示范文本

现阶段我国已经编制完成和正在使用的工程合同示范文本体系主要有:《总承包/交钥匙工程合同试行本》、《建设工程合同文本》、《建设工程勘察合同文本》、《建设工程设计合同文本》、《建设工程委托监理合同(示范文本)》、《建设工程造价合同示范文本》。除此之外,世界银行规定,从 2003 年起,所有世行贷款项目一律采用(菲迪克 FIDIC) 1999 年新版合同范本,包括《工程合同条件》、《生产设备和设计—工程合同条件》、《设计、采购、施工(EPC)/交钥匙合同条件》和《简明合同格式》。

第四节 建筑材料验收、存储、供应的基本知识

1. 材料现场交货的到货检验意义各是什么?

答:建筑材料是施工项目的主要物资,是构成建筑工程实体的组成要素,其质量的保证直接关系建筑物各项功能的实现,尤其关系到建筑物整个寿命周期内的安全性、耐久性和适用性,具

有关系国计民生的重要意义；另一方面，建筑物投资额高、使用环境不可预测、许多材料在工程结束后都处在隐蔽不可预测状态；其三，如果将假冒伪劣材料用于工程，会造成严重的公共安全隐患，因此，材料的质量必须在生产和工程应用各阶段加强控制。

工程项目的材料进场验收是施工企业物资由生产领域向流通领域转移的中间重要环节，是保证进入施工现场的物资满足工程预定的质量标准，满足用户使用要求，确保用户生命安全的重要手段和保证。因此，在国家相关规范和各地建设行政主管部门对建筑材料的进场验收和复验都做出了严格规定，要求施工企业对建筑材料的进场验收与管理，按规范要求要复验的必须复验，无相应检测报告和复检不合格的应予退货，严禁使用有害物质含量不符合规范规定的建筑材料，同时命令禁止使用国家淘汰的建筑材料和没有出厂检验报告的建筑材料，尤其对不按规定对建筑材料的有害物质含量进行复验的，对施工单位和有关人员进行处罚。

建筑材料的出厂检验报告和进场复试报告有本质的不同，不能替代。这主要是因为出厂检验报告为厂家在完成此批次货物的情况下厂房自身内部的检测，移动发生问题和偏离，不具有权威性；其二，进场复验报告为用货单位在监理或业主方的监督下，由本地质检权威部门出具的检验报告，具有法律效力；其三出厂检验报告是每种型号、每种规格都出具的，而进场报告是施工部门在使用的型号、规格内随机抽取的。因此，材料、设备的进场复验必须做到认真、及时、准确、公正、合理。

2. 材料进场验收和复验的方法各有哪些？

答：数量验收的方法主要包括：

（1）衡量法。即根据各种物质不同的计量单位进行检尺、检斤，以衡量其长度、面积。看体积、重量是否与合同约定一致。

（2）理论换算法。换算依据为国家规定标准或合同约定的换算标准。

（3）查点法。采购定量包装的计件物资，只要查点到货数量即可。包装内的产品数量和重量应与包装物标明的一致，否则应由厂家或封装单位负责。

合同履行过程中经常发生货物数量与实际验收数量不符或实际交货数量与合同约定的交货数量不符的情况。其原因可能是供货方的责任，也可能是运输部门的责任，或运输过程中的合理损耗。前两种情况要追究有关方的责任，第三种情况则应控制在合理的范围之内。有关行政主管部门对通用的物资和材料规定了货物交接过程中允许的合理磅差和尾差界限，如果合同约定供应的货物无规定可循，也应在条款内约定合理的差额界限以免交接验收时发生合同争议。交付货物在合理的磅差和尾差范围内，不按多交或少交对待，双方互不追补。超过界限范围时，按合同约定的方法，计算多交或少交部分的数量。

合同内磅差和尾差规定出合理界限范围，既可以划清责任也可以为供货方合理组织发运提供灵活变通的条件。如果超过合理范围，则按实际交货数量计算。不足部分由供货方补齐或退回不足部分的货款；采购方同意接受的多交付部分，进一步支付溢出数量货物的货款。但计算多交或少交数量时，应按订购数量与实际交货数量比较，均不再考虑合理磅差和尾差因素。

3. 常用建筑材料进场验收和复验的内容各有哪些？

答：交货质量检验的内容包括：

（1）质量责任

不论采用何种交接方式，采购方均应在合同规定的由供货方对质量负责的条件下和期限内，对交付产品进行验收和试验。某些必须安装运转后才能发现内在质量缺陷的物资，应于合同内规定缺陷责任期或保修期。在此期间，凡检测不合格的物资，均由供货方负责。如果采购方在规定期限内未提出质量异议，或因使用保管、保养而造成质量下降，供货方不再负责。

（2）质量要求和技术标准

产品质量应满足规定用途的特性指标，因此，合同必须约定产品应达到的质量标准。约定质量标准的一般原则是：

① 按颁布的国家标准执行；

② 无国家标准而有部颁标准的产品按部颁标准执行；

③ 没有国家标准和部颁标准作为依据时，可按企业标准执行；

④ 没有上述标准，或虽有上述某一标准但采购方有特殊要求时按双方在合同中商定的技术条件、样品或补充的技术要求执行。

（3）验收方法

合同内应具体写明检验的内容和手段，以及检测应达到的质量标准。对于抽样检查的产品，还应约定抽检的比例和抽样的方法，以及双方认可的检测单位。质量验收的方法可以采用：

① 经验鉴别法。即通过目测、手触或以常用的检测工具量测后评定质量是否符合要求。

② 物理试验。根据对产品的性能检验目的可以进行拉伸试验、压缩试验、冲击试验和硬度试验等。

③ 化学试验。即抽出一部分样品进行定性分析或定量分析的化学试验，以确定其内在质量。

（4）对产品提出异议的时间和办法

合同内应写明采购方对不合格产品提出异议的时间和拒付货款的条件。采购方提出的书面异议中，应说明检验情况，出具检验证明和对不符合规定产品提出具体处理意见。凡因采购方试验、保管、保养不善等原因导致的质量下降，供货方不承担责任。在接到采购方的书面异议通知后供货方应在 10d 内（或合同规定的时间内）负责处理，否则即视为默认采购方提出的异议和处理意见。

如果当事人双方对产品的质量检测、实验结果发生争议，应按《标准化法》的规定由标准化管理部门的质量监督检验机构进行仲裁检验。

4. 仓库是怎样分类的？仓储管理规划怎样制定？

答：仓库的分类方法如下：

(1) 按储存材料的种类划分

1) 综合性仓库。它建有若干个库房，储存各种各样的材料，如在同一仓库储存钢材、电料、木材、五金、配件等。

2) 专业性仓库。它只储存某一类材料，如钢材库、木料库、电料库等。

(2) 按保管条件划分

1) 普通仓库。它是指储存没有特殊要求的一般性材料的仓库。

2) 特种仓库。它是指某些材料对库房的温度、湿度、安全有特殊要求，需要按不同要求设置的仓库，如保温库、燃料库、危险品库等。水泥由于粉尘大、防潮要求高，因而水泥库也属于特种仓库。

(3) 按建筑结构划分

1) 封闭仓库。它是指屋顶、墙壁和门窗的仓库。

2) 半封闭仓库。它是指有屋顶而无墙的仓库，如料库、料棚等。

3) 露天仓库。它是指主要储存不易受自然条件影响的大宗材料的场地。

(4) 按管理权限划分

1) 中心仓库。它是指大中型企业（公司）设立的仓库。这类仓库吞吐量大，主要材料由公司集中储备，也叫一级仓库。除远离公司独立承担任务的工程处核定储备资金控制储备外，公司下属单位一般不设仓库，避免层层储备、分散资金。

2) 总库。它是指公司所属项目经理部或工程处（队）所设施工料仓库。

3) 分库。它是指施工队及施工现场所设的施工用料准备库，业务上受项目部或工程队直接管辖、统一调度。

5. 现场材料仓储保管的基本要点有哪些?

答：现场材料仓储保管，应根据现场材料的性能和特点，结合仓储条件进行合理的存储与保管。进入施工现场的材料必须加强库存保管，保证材料完好，便于装卸、运输、发料及盘点。

(1) 选择进场材料保管场所

建筑施工现场存储保管材料的场所有仓库（或库房）、库棚（或货棚）和料场。水泥、镀锌钢管、镀锌钢板、五金件、电线电料、混凝土外加剂等保存在仓库内。库棚通常储存不宜雨淋、日晒，而对空气中的湿度、温度要求不高的材料，如陶瓷、石材等。料场是露天仓库，主要储存不怕风吹、日晒、雨淋，对空气中的温度、湿度和有害气体反应不敏感的材料，如钢筋、型钢、砂石、砖等。

(2) 材料的堆放

材料合理堆码关系到材料保管的质量，材料码放形状和数量必须满足材料性能、特定、形状等要求，材料堆码应遵循"合理、牢固、定量、整齐、节约和便捷"的原则。

(3) 材料的标识

存储保管材料应"统一规划、分区分类、统一分类编号、定位保管"，并要使其标识鲜明、整齐有序，以便于转移记录和具备可塑性。

(4) 材料的安全消防

每种进场材料的安全消防方式应视其性能而定。液体材料易燃时，可用干粉灭火器和黄砂灭火，避免液体外溅，扩大火势；固体材料燃烧时，可采用高压水灭火，如果同时伴有有害气体挥发，应用黄砂灭火并覆盖。

(5) 材料的维护保养

采用一定的技术或手段，保证存储保管材料的性能或受到损坏的材料恢复其原有性能。由于材料自身的物理性能、化学充分不断发生变化，在一定程度上影响着材料的质量。其变化原因主要是自然因素的影响。如温度、湿度、光度、雨、雪、露、霜、尘土、虫害等，为了防止或减少损失，应根据材料本身不同的性质，事前采用相应技术措施，控制仓库的温度与湿度，创造合适的条件来保管、保养，防止发生霉变、熔化、干裂、挥发、变色、渗漏、老化、虫蛀、鼠伤，甚至发生爆炸、燃烧、中毒等恶性事故。

6. 怎样进行仓储盘点及账务处理?

答：(1) 仓库盘点的意义

仓库保管的材料品种、规格繁多，计量、计算易发生差错，保管中发生的损耗、损坏、变质、丢失等种种因素，可能导致库存材料数量与账面不符、质量下降。只有通过盘点才能正确掌握库存量，摸清质量状况，掌握材料保管中存在的各种问题，了解储备定额执行情况和呆滞、积压数量，以及利用、代用等挖潜措施的落实情况。

(2) 盘点方法

1) 定期盘点。定期盘点是指季末或年末对仓库保管的材料进行全面、彻底的盘点。达到有物、有账，账物相符、账账相符，并把材料、数量、规格、质量及主要用途搞清楚。由于清点规模大，应先做好组织与准备工作。

2) 永续盘点

永续盘点是指对库房内每日有变动（增加或减少）的材料，当日复查一次，即当天对有收入或发出的材料，核对账、卡、物是否对口。这样连续进行抽查盘点，能及时发现问题，便于清查和及时采取措施，是保证账、卡、物"三对口"的有效方法。永续盘点必须做到当天收发、当天记账和登卡。

(3) 盘点中问题的账务处理

盘点时要对实际库存量和账面结存量进行逐项核对，并同时检查材料质量、有效期、安全消防及保管状况，编制盘点报告。

1）数量盈亏

盘点中发现盈亏量在企业规定的范围之内时，可在盘点报告中显示，经业务主管审批后，据此调整账务。若盈亏量超过规定范围时，除在盘点报告中反映外，还应填写"材料盘点盈亏报告单"，经领导审批后处理。

2）库存材料发生损坏、变质、降等级等问题时，填报"材料报损报废报告单"，并通过有关部门鉴定损失金额，经领导审批后根据批示意见处理。

3）库房被盗或遭破坏，其丢失或损坏材料数量及相应金额应专项报告，经保卫部门认真核查后，按上级最终批示做账务处理。

4）出现品种规格混串和单价错误，在核实的基础上，经业务主管审批后按有关要求调整。

5）库存材料一年以上没有发出，列为积压材料。

7. 材料领发的要求及常用方法是什么？

答：（1）材料领发的要求

材料发放是材料储存保管与材料使用的界限，是仓储管理的最后一个环节。

1）材料发放应遵循先进先出、及时、准确、面向生产、为生产服务，保证生产正常进行的原则。

2）及时审核发料单据上的各项内容是否符合要求，及时核对库存材料能否满足施工要求；及时备料、安排送料、发放；及时下账改卡，并恢复发料后的库存量与下账改该卡后结存的数是否相符；对剩余材料要做到及时回收利用。

3）准确地按发料单据的品种、规格、质量、数量，进行备料、复查和点交；准确计量，以免发生差错；准确下账、改卡，确保账、卡、物相符；准确掌握送料时间，既要防止与施工活动争场地，避免二次搬运，又要防止因材料供应不及时而使施工中断，出现停工待料情况。

4）对有保存期限要求的材料，应在规定期限内发放；对回收利用的材料，在保证质量的前提下，先旧后新；坚持能用次料不用好料、能用小料不用大料，凡规定交旧换新的，坚持交旧换新。

（2）现场材料发放方法

1）大堆材料

通常是指砖、瓦、砂、石等材料，多为露天堆放。按照材料管理要求，大堆材料进场、出场及现场发放都要进行计量检测。这样既保证施工的质量，也保证了材料进出场及发放数量的准确性。大堆材料发放除按限额领料单中确定的数量发放外，还应做到在指定的料场清底使用。对混凝土、砂浆所使用的砂、石、灰，既可按配合比进行计量发放，也可按其不同强度等级的配合比分盘计算发料的实际数量，并做好分盘记录和办理领料、发料手续。

2）主要材料

水泥、钢筋、木材等是建筑工程中的主要材料，它们多是库房发料，也可在指定楼梯料场和大棚内保管存放，由专职人员办理领发手续。主要材料的发放要凭限额领料单（任务书）、有关的技术资料和使用方案办理领料手续。

3）成品及半成品

混凝土构件、门窗、铁件及型钢等材料一般是在指定的场地和大棚内存放，由专职人员管理和发放，发放时依据限额领料单及工程进度办理领料手续。

（3）现场材料发放中应注意的问题

1）提高材料管理人员的业务素质和管理水平，熟悉工程概况、施工进度计划、材料性能及工艺要求等，便于符合施工生产。

2）根据施工生产需要，按照国家计量法规定，配备足够的计量器具，严格执行材料进场及发放计量检测制度。

3）在材料发放过程中，认真执行定额用料制度，核实工程量、材料的品种、规格及定额用量，以避免影响施工生产。

4）严格执行材料管理制度，大堆材料清底使用，水泥早进早发，装修材料按计划配套发放，以免造成浪费。

5）加强施工过程中的材料管理，采取各项技术措施节约材料。

8. 什么是限额领料？限额领料实施操作程序有哪些？

答：（1）限额领料概念

限额领料是依据材料消耗定额，有限制地供应材料的一种方法。就是指工程项目在建施工时，必须把材料消耗量控制在操作项目的消耗定额内。通常采用按分项工程限额领料、按分层分段限额领料、按工程部位限额领料、按单位工程限额领料等方法进行。

（2）限额领料实施操作程序

1）限额领料单的签发。根据不同用料者所承担的工程项目和工程量，查阅相应操作项目的材料消耗定额，同时考虑该项目所需采用的技术节约措施，计算限额用料的品种和数量，填写限额领料单。

2）限额领料单的下达。将限额领料单下达到材料使用者生产班组并进行限额领料的交底，讲清楚使用部位、完成的工程量及必须采取的技术节约措施，提示相关注意事项。

3）限额领料单的应用。材料使用者凭限额领料单到指定地点报名领料，材料管理部门在限额内发放材料，每次领发数量和时间都要做好记录，互相签认。材料成本、采购管理等环节，也可利用限额领料单开展本业务工作。

4）限额领料的检查。在材料使用过程中，对影响材料使用的因素要进行检查，帮助材料使用者正确使用定额，合理使用材料。检查的内容包括：施工项目与限额领料项目的一致性，完成的工程量与限额领料单中所要求的工程量的一致性，操作工艺是否符合工艺规程，限额领料单中所要求的技术措施是否实施，工程项目操作时和完成后作用面的材料是否余缺。

5）限额领料的验收。限额领料单中所标明的工程项目和工程完成后，由施工管理、质量管理等人员，对实际完成的工程量和质量情况进行测定和验收，作为核算用工、用料的依据。

6）限额领料的核算。根据实际完成的工程量，核对和调整应该消耗的材料数量，与实际材料使用量进行对比，计算出材料使用量的节约和超耗。

7）限额领料的分析。针对限额领料的核算结果，分析发生材料节约和超耗的原因，总结经验、汲取教训，制定改进措施。如有约定合同，则可按约定合同对用料节、超进行奖惩兑现。

9. 怎样进行材料的使用监督？

答：认真落实好材料使用监督制度，加强材料存储和使用管理，是提高施工项目经济效益的重要途径之一。材料使用监督制度就是保证材料在使用过程中能合理地消耗，充分发挥其最大效用的制度。

（1）材料使用监督内容

1）监督材料在使用中是否按照材料的使用说明和材料做法的规定操作。

2）监督材料在使用中是否按照技术部门制定的施工方案和工艺进行。

3）监督材料在使用中操作人员有无浪费现象。

4）监督材料在使用中操作人员是否做到工完场清，活儿完脚下清。

（2）材料使用监督的方法

1）采用限额领料方式，控制现场消耗。

2）采用"跟踪管理"方法，将物资从出库到运输到消耗全过程进行跟踪管理，保证材料在各个阶段处于受控状态。

3）通过使用过程的检查，查清操作者在使用过程中的使用效果，及时调整相应的方法和进行奖罚。

材料现场的使用监督要提倡管理监督和自我监督相结合的方

式，充分调动监督对象的自我约束、自我控制的积极性，在保证质量的前提下，充分发挥相关管理、操作人员的主观能动性和积极性，以期达到材料使用监督的实效。

10. 施工现场机具设备管理主要的任务是什么？机具设备管理的内容和方法各有哪些？

答：（1）施工机具管理的主要任务

1）及时、齐备地向施工班组提供优良、适用的施工机具设备，积极推广和采用先进设备，保证施工生产，提高劳动效率。

2）采用有效的管理方法，加快机具设备的周转，延长其使用寿命，最大限度地发挥机具设备效能。

3）做好施工机具设备的收、发、保管和保养维护工作，防止机具设备损坏，节约机具设备费用。

（2）机具设备管理的内容

1）储存管理。机具设备验收入库后，应按品种、质量、规格、新旧残缺程度分开存放。同样的机具设备不得分存两处，成套的机具设备不得拆开存放，不同的机具设备不得叠压存放。制定机具设备的维护保养规程，如防锈、防刃口碰伤、防易燃物品自燃、防雨淋和日晒制度等。对损坏的机具设备及时维修，延长机具设备的使用寿命，使其处于随时可投入使用的状态。

2）使用管理。按机具设备费用定额发出的机具设备，要根据品种、规格、数量、金额和发出日期登记入账，以便考核班组执行机具设备费定额的情况。出租或临时借出的机具设备，要做好详细记录，并办理有关租赁或借用手续，以便按期、按质、按量归还。坚持"交旧领新"、"交旧换新"和修旧利废等行之有效的制度，做好旧机具设备的回收、修理工作。

3）使用管理。根据不同机具设备的性能和特点制定相应的机具设备使用技术规程、机具设备维修及设备管理制度。监督、指导班组按照机具设备的用途和性能合理使用。

（3）机具设备管理的方法

由于机具设备有多次使用、在劳动生产中能长期发挥作用的特点，因此，机具设备管理的实质是使用过程中的管理，是在保证生产使用的基础上延长机具设备使用寿命的管理。机具设备管理的方法有租赁管理、定包管理、机具设备津贴管理、临时借用管理等方法。为了节省篇幅，这里不再逐一介绍。

11. 什么是施工现场周转材料的管理？周转材料管理的任务和内容各是什么？

答：（1）周转材料管理

周转材料是指在施工生产过程中可以反复使用，并能基本保持其原有状态而逐渐转移其价值的材料。周转材料应属于工具，在使用过程中不构成建筑产品实体，而是在多次反复使用中逐渐磨损消耗。因其在预算费用与财务核算上均被列入材料项目，故称为周转材料。如浇筑混凝土构件所需的模板、施工中搭设的脚手架及其附件等。

周转材料价值周转方式与一般材料不同，建筑材料是一次性转移到建筑产品中去，并从销售收入中得到补偿，周转材料在建筑施工过程中多次反复使用，并不改变其实物形态，直至其完全丧失使用价值，损坏报废时为止。

在一些特殊情况下，由于受施工条件的限制，有些周转性材料也是一次性消耗的，其价值就一次转移到工程成本中去。如大体积混凝土浇筑时使用的钢支架等浇筑完成后无法取出，钢板桩由于施工条件限制无法拔出、个别模板无法拆除等。也有些因工程特殊要求而加工制作的非规格化的特殊周转材料，只能使用一次。这些情况下虽然核算要求与材料性质相同，实物也作销账处理，但也必须做好残值回收，以减少损耗，降低工程成本。因此，周转材料的管理，对施工企业来说是一项非常重要的工作。

（2）周转材料管理的任务

1）根据施工生产需要，及时、配套地提适量和供适用的各种周转材料。

2）根据不同种类周转材料的特点建立相应的管理制度，加速周转，以较小的投入发挥最人的效能。

3）加强维修保养，延长使用寿命，提高使用经济效果。

（3）周转材料管理的内容

1）使用管理。是为了保护施工生产正常进行或有助于建筑产品形成而对周转材料进行拼装、支搭以及拆除的作用过程管理。

2）养护管理。是指例行养护、包括除去回购、涂刷防锈剂或隔离剂，以使周转材料处于随时可以投入使用的状态的管理。

3）维修管理。是指对损坏的周转材料进行修复，使其恢复或备份恢复原有功能的管理。

4）改造管理。是指对损坏且不可修复的周转材料，按照使用和配套要求改变外形的管理。

5）核算管理。是指对周转材料的使用状况进行反映与监督，包括会计核算、统计核算和业务核算三种核算方式。会计核算主要反映周转材料投入和使用的经济效果极其摊销状况，它是资金核算；统计核算主要反映数量规模、使用状况和试验趋势，它是数量的核算；业务核算是材料部门根据实际需要和业务特点而进行的核算，它既有资金的核算，也有数量的核算。

第五节　建筑材料核算的内容和方法

1. 工程费用由哪些内容组成？

答：建设工程项目费用具有多义性，这是由主要费用的使用性质和不同的管理主体及管理目标所决定的。其主要表现是围绕建设投资、工程造价、施工成本等形式而进行的管理和目标控制。

（1）建设投资。建设投资是建设项目业主对建设需求选择和自主决策所形成的经济参数，无论是计划投资的确定还是最终设计投资的形成，都是基于建设需求整体解决方案的决策和实施结果。不同的建设需求和建设方案的决策，首先是决定建设项目总投资的内在因素；其次才是建设项目实施过程的外部因素所产生的影响。

（2）工程造价。工程造价不仅是工程项目的建造价格，而且是工程产品交易过程的经济指标。只有建筑产品成为商品，价格才被应用到工程市场的建议中。造价与投资不同，它不是一方自主决策的经济参数，而是甲乙双方要通过市场且按照市场规律共同决定。

（3）工程成本。成本是指商品的生产中，按照统一规定的范围和规则计算的以货币量表示的经济消耗。这种经济消耗反映的是社会劳动消耗，包括活劳动和物化劳动消耗。工程成本的含义与建设行业生产组织体制相适应，一般是指工程施工成本，也可以说是与工程造价范围相对应的施工生产全过程的经济消耗或劳动消耗。

当然，需要说明的是，工程项目的建造除施工以外，还有勘察设计、工程监理、业主方的建设组织和采购等活动，其目的是获得预期功能和价值的固定资产，最后在建设所形成的固定资产中计入全部建造费用。因此，施工成本虽然是狭义的工程成本，但却是实际运作中定义和人们共识的工程成本。在工程实践的各项活动中，必须把握工程项目在不同阶段所形成的工程成本与固定资产建造成本、工程造价与固定资产造价的联系和区别。

2. 什么是工程成本的管理？工程成本管理的要求和内容各有哪些？

答：（1）工程成本管理

企业成本管理的任务一般是由成本预测、成本计划、成本控制、成本核算、成本分析和编制成本报告与成本资料等工作组成。对于工程承包企业而言，由于承包价在工程招标时已经确定并已做出承诺，要想获得预期的经营利润，只能在预先确定的成本框架内，完成质量合格的工程任务。因此，采用的思路是：

计划成本＝工程合同价－预期利润

计划成本的合理确定，实质上是成本预控的过程，是综合成本前馈核算资料、预测分析资料，把计划成本建立在优化施工方案及管理措施可控的基础上，是工程成本管理的重要环节。

（2）工程项目成本管理的要求

1）工程成本管理属承包企业内的生产费用管理。管理重心应放在施工现场成本计划、控制、核算、分析和考核等上面来。现场施工成本和项目分摊的企业经营管理费用，构成了工程项目生产总成本。但项目分摊企业经营管理费用所采用的事先从工程合同造价的总成本中划出上交企业的部分，不应列入项目经理责任成本目标而进行现场施工成本控制和核算。

2）工程项目的成本管理应实行承包企业的工程项目经理责任制和项目成本核算制。承包企业应建立和健全一套与此相适应的管理制度和工作流程，用以指导、激励和规范项目成本管理的具体运作。

3）工程承包企业应建立、健全项目成本管理责任体系，明确企业分工和责任关系，把项目成本管理任务目标分解并渗透到各项技术工作、管理工作和经营工作中去。项目成本管理宜参照以下环节和过程展开。

① 工程项目投标报价文件的编制；

② 中标后的合同造价谈判与确定；

③ 项目经理责任成本目标的确定；

④ 项目成本计划的编制及其审批；

⑤ 项目成本计划的执行与控制；

⑥ 项目成本核算、分析与考评；

⑦ 工程变更、签证、索赔管理；

⑧ 工程合同价款结算与支付管理。

（3）工程成本管理的内容

1）管理的主体是生产方（承包方）；

2）管理的面向对象与工程造价相对应；

3）管理涉及的范围与工程造价相对应；

4）管理的核心问题是以最经济、合理的施工方案，在规定的工期内完成质量符合标准的工程施工任务，并取得预期的经济效益。

3. 工程材料费和施工机械使用费各包括哪些内容？

答：（1）材料费。是指施工过程中耗费的构成工程实体的原材料、辅助材料、构配件、零件、半成品的费用。包括：①材料原价；②材料运杂费；③运输损耗费；④采购保管费；⑤检验试验费。

（2）施工机械使用费。是指施工机械作业所发生的机械使用费以及机械安拆费和场外运费。包括：①折旧费；②大修费；③检查修理费；④安拆费及场外运费；⑤人工费；⑥燃料动力费；⑦养路费及车船使用税。

4. 什么是工程项目成本控制？它的内容有哪些？

答：（1）工程项目成本控制概述

1）企业应树立市场导向生产的理念，把项目成本控制列为工程总承包项目管理的目标，适应市场需求环境的变化。

2）企业的项目成本控制，应在工程总承包的投标和设计阶段，按照功能价值、物有所值和精心设计的原则，在技术透明、需求合理的条件下，进行项目计划成本的确定。

3）承包企业应正确处理好项目造价、成本和经营利润的关系，全面实施项目成本控制和成本核算，通过精心设计、精心施工和科学管理，在合同规定的工期内提供符合规定质量标准的工程，获得预期的项目经营效益。

4）企业项目成本控制中心应在项目经理部，按照计划预控制、过程控制和纠偏控制的原理依次展开。

①项目成本的计划预控应运用计划管理的手段事先做好各

项建设活动成本安排，使项目预期成本目标的实现建立在有充分技术和管理措施保障的基础上，为项目的技术与资源合理配置和消耗控制提供依据。控制的重点是优化项目实施方案（包括工程总承包项目的设计方案）、合理配置资源和控制生产要素的采购价格。

② 项目成本运行过程控制实际成本的发生，包括实际采购费用发生过程的控制，劳动力和生产资料使用过程的消耗控制、质量成本及管理费用的支出控制。企业应充分发挥项目成本责任体系的约束和激励机制，提高项目成本运行过程的控制能力。

③ 项目成本的纠偏控制应在项目运行过程中，对各项成本进行动态跟踪核算，发现实际成本产生偏差时分析原因，采取有效措施予以纠偏。

（2）成本控制的依据

1）工程承包合同；

2）施工成本计划；

3）进度报告；

4）工程变更。

除了上述几种施工成本控制工作的主要依据以外，有关施工组织设计，分包合同文本等也是施工成本控制的依据。

（3）成本控制的步骤

在确定了项目成本计划以后，必须定期进行施工成本计划值与实际值的比较，当实际值偏离计划值时，要分析产生偏差的原因，采取适当的纠偏措施，以确保施工成本控制目标的实现。成本控制的步骤：比较→分析→预测→纠偏→检查。

（4）成本控制的措施

1）施工成本控制工程的控制方法。施工阶段是控制建设工程项目成本发生的主要阶段，它通过确定成本目标并按计划成本进行施工资源配置，对施工现场发生的各种成本费用进行有效控制，其具体的控制方法如下：

① 人工费的控制。人工费的控制实行"量价分离"的方法，

将作业用工和零星用工按定额工日的一定比例综合确定用工数量与单价，通过劳务合同进行控制。

② 材料费的控制。材料费的控制同样按照"量价分离"的原则，控制材料用量和材料价格。

a. 材料用量控制。在保证符合设计要求和质量标准的前提下，合理使用材料、通过定额管理、计量管理手段有效控制材料物资的消耗。

b. 定额控制。对于有消耗定额的材料，以消耗定额为依据，实行限额发料制度。在规定限额内分期分批领用。超过限额领用的材料，必须查明原因，经过一定审批手续方可领用。

c. 招标控制。对于没有消耗定额的材料，则实行计划管理和按指标控制的办法。根据以往项目的实际耗用情况，结合具体的施工项目的内容和要求，制定领用材料指标，据以控制发料。超过指标的材料，经过一定审批手续方可领用。

d. 计量控制。准确做好材料物资的收发计量检查和投料计量检查。

e. 包干控制。在材料使用过程中，对部分小型或零星材料（如钢钉、钢丝等）根据工程计算出所需材料量，将其折算成费用，由作业者包干控制。

③ 材料价格控制。材料价格主要由材料采购部门控制。由于材料价格是由买价、运杂费、运输中的合理损耗等组成，因此，控制材料的价格，主要是通过掌握市场信息，应用招标和询价等方式控制材料、设备的采购价格。

施工项目的材料物资，包括构成工程实体的主要材料和结构构件，以及有助于工程实体形成的周转使用材料和低值易耗品。从价值角度，材料物资的价值约占建筑安装工程造价的 60% 甚至 70% 以上，其重要程度非同小可。由于材料物资供应的渠道和管理方式各不相同，所以控制的内容和所采取的控制方法也将各有所不同。

2）施工机械使用费的控制。合理选择、使用施工机械设备对成本控制具有十分重要的意义，尤其是高层建筑施工。选择起重运输机械时，首先应根据工程特点和施工条件，确定采用哪些不同起重运输机械的组合方式。在采用某几种机械的组合方式时，首先以满足施工的需要，同时还要考虑到费用的高低和综合经济效益。

施工机械费用主要由台班数和台班单价两方面决定，为有效控制施工机械使用费的支出，主要从以下几个方面进行控制：

① 合理安排施工生产，加强设备租赁计划管理，尽量减少因安排不当引起的设备闲置。

② 加强机械设备的调度工作，尽量避免窝工，提高现场设备利用率。

③ 加强现场设备的维修保养，避免因不正当施工造成机械设备的停置。

④ 做好机上人员和辅助人员的协调与配合，提高施工机械台班产量。

5. 材料、设备成本核算的内容和方法各有哪些？

答：（1）材料、设备成本核算的内容

1）材料费核算。工程耗用的材料，根据限额领料单、退料单、报损报耗单、大堆材料耗用单等，由项目料具员按单位工程编制"材料耗用汇总表"，据以计入项目成本。

2）周转材料费核算。周转材料实行内部租赁制，以租赁费的形式反映消耗情况。租赁费按租用的数量、时间和内部租赁单价计算，计入项目成本。

3）结构件费核算。按照单位工程使用对象编制"结构件耗用月报表"。以项目经理部与外加工单位签订的合同为准，计算耗用金额计入成本。

4）机械使用费核算。机械设备实行内部租赁制，以租赁费的形式反映消耗情况。租赁费根据机械使用台班、停置台班和内部租赁单价计算，计入项目成本。

（2）成本核算的基本方法

工程项目材料成本的盈亏主要核算以下两个方面。

1）材料的量差

材料管理部门应按照定额供料，分单位工程记账，分析节约与超支，促进材料的合理使用，降低材料的消耗水平。做到对工程用料、临时设施用料和非生产性其他用料，区别对象，划清成本项目。对于属于费用性开支的非生产性用料要按规定掌握，不得计入工程成本。对于两个以上工程同时使用的大宗材料，可按定额及完成的工程量进行比例分配，分别计入单位工程成本。

实际核算时应根据各类工程用料特点，结合班组核算情况，可选用占工程材料费用比重较大的主要材料，如钢材、木材、水泥、砖瓦、灰、砂、石、石灰等品种核算分析，施工项目建立实务台账，一般材料则按类核算，掌握队、组用料节超情况，从而找出定额与实耗的量差，为企业和项目进行经济活动分析提供资料。

2）材料价差

材料价差的发生与供料方式有关，供料方式不同，价差的处理方法也不同。由建设单位供料，按地区预算价格向施工单位结算，价格差异则发生在建设单位，由建设单位负责核算；施工单位包料，按施工图预算包干的，价格差发生在施工单位，由施工单位材料部门核算，所发生的材料价格差异按合同规定计入工程成本。其他耗用材料如属机械使用费、施工管理费、其他直接费开支用料，也由材料部门负责采购、供应、管理和核算。

6. 什么是材料采购的实际价格？什么是材料的预算价格？

答：（1）材料采购的实际价格

材料采购实际成本是材料在采购和保管过程中所发生的各项费用的总和。它由材料原价、供销部门手续费、包装费、运杂费、采购及保管费构成。

通常市场供应的材料由于产地不同，造成产品成本不一致，运输距离不等，质量也不同。因此，材料采购或加工进货时，要注意材料实际成本的核算，做到在采购材料时作多种比较，则同样的材料比质量、同样的质量比价格、同样的价格比运距，最后核算材料成本。尤其是大宗材料的价格组成，运费占较大比重，尽量做到就地取材，以减少运输费用和管理费用。材料的上级价格，是按采购（或委托加工、自制）过程中所发生的实际成本计算的单价，计算方法通常有以下两种。

1）先进先出法

指同种材料每批进货的实际成本如各不相同时，按各批不同的数量及价格分别记入账册。在发生领用时，以先购入的材料数量及价格先计价核算工程成本，按先后顺序依次类推。

2）加权平均法

指同一种材料在发生不同实际成本时，按加权平均法求得平均单价。当下批进货时，又以余额的数量和价格与新购入材料的数量与价格作新的加权平均计算，得出新的平均价格。

（2）材料预算价格

材料预算价格是由项目所在地建筑主管部门颁布，以历史水平为基础，并考虑当前和今后的变动因素，预先编制的一种计划价格。

材料预算价格是地区性的，是根据本地区工程分布、投资数量、材料用量、材料来源地、运输方法等因素综合考虑，采用加权平均的计算方法确定的。同时，对其使用范围也有明确规定，在地区范围以外的工程，则应按规定增加远距离的运费差价。材料预算价格由五项费用组成：材料原价、供销部门手续费、包装费、运杂费、采购及保管费。

7. 怎样进行材料的供应核算？

答：材料供应计划是组织材料供应的依据。它是根据施工生产进度计划、材料消耗定额等编制的。施工生产进度计划确定了一定时间内应完成的工程量，而材料供应量是根据工程量乘以材料消耗定额，并考虑库存、合理储备、综合利用等因素，经平衡后确定的。因此，按质、按量、按时、配套供应各种材料，是保证施工生产正常进行的基本条件之一。所以，检查考核材料供应计划的执行情况，主要是检查材料的收入执行情况，它反映了材料对生产的保证程度。

（1）检查材料收入量是否充足

这是用于考核材料在一定时期内供应计划的完成情况，计算公式如下：

$$材料供应计划完成率 = \frac{实际收入量}{计划收入量} \times 100\%$$

检查材料的供应量是保证生产完成和施工顺利进行的重要条件，如果供应量不足，就会在一定程度上造成施工生产的中断，影响施工生产的正常进行。

（2）检查材料供应的及时性

在检查材料供应计划的执行情况时，还可能出现材料供应数量充足和不足两种情况，因材料供应不及时而影响施工生产正常进行的情况是应该杜绝的。所以，还应检查材料供应的及时性，需要把时间、数量、平均每天需用量和初期库存量等资料联系起来考查。

8. 怎样进行材料的储备核算？

答：为了防止材料积压或不足，保证生产的需要，加速资金周转，企业必须经常检查材料储备定额的执行情况，分析是否超储或不足。

（1）储备实物的核算

储备实物量的核算是对实物周转速度的核算

1）材料储备对生产的保证天数

$$材料储备对生产的保证天数 = \frac{期末库存量}{每日平均材料消耗量}$$

2）材料周转次数

$$材料周转次数 = \frac{某种材料年度消耗量}{平均库存量} \times 100\%$$

3）材料周转天数（储备天数）

$$材料周转天数（储备天数） = \frac{平均库存量 \times 全年日历天数}{材料年度消耗量}$$

（2）储备价值量的核算

价值形态检查考核，是把实物数量乘以材料单价，用货币单价进行综合计算。其优点是能将不同质量、价格的各类材料进行最大限度的综合，它的计算方法除上述的有关周转速度（周转次数、周转天数）均适用外，还可以从百万元产值占用材料储备资金情况及节约使用材料资金方面进行计算考核。计算公式如下：

1）百万元产值占用材料储备资金

$$百万元产值占用材料储备资金 =$$

$$\frac{定额流动资金中材料储备资金平均数}{年度建安工作量} \times 100\%$$

2）流动资金中材料资金节约使用额

$$流动资金中材料资金节约使用额 =$$

$$（计划周转天数 - 实际周转天数） \times \frac{年度材料耗用总额}{360}$$

9. 怎样进行材料消耗量的核算？

答：检查材料消耗情况，主要用材料的实际消耗量与定额消耗量进行对比，反映材料节约或浪费情况。

（1）核算某项工程某种材料的定额消耗量与实际消耗量，按如下材料节约量或超耗量：

某种材料节约（超耗）量＝某种材料定额耗用量—该项材料实际耗用量

上式计算结果大于零时，表示节约；反之，则表示超耗。

$$某种材料节约（超耗）率 = \frac{某种材料节约（超耗）量}{该材料定额耗用量} \times 100\%$$

上式计算结果的百分数大于零时，表示节约率；反之，则表示超耗率。

（2）核算多项工程某种材料节约或超耗的计算式同前。某种材料的定额耗用量的计算式为：

某种材料定额耗用量 ＝ Σ（材料消耗定额 × 实际完成的工程量）

核算一种工程使用多种材料的消耗情况时，由于使用价值不同、计量单位各异，不能直接相加进行考核。因此，需要利用材料价格作基本量计量，用消耗量乘以材料价格，然后求和对比，公式如下：

材料节约（＋）或超支（－）额

＝Σ材料价格×（材料定额耗量—材料实际耗量）

第四章 专业技能

第一节 材料、设备配置管理计划

1. 怎样进行材料需用数量核算？

答：（1）核算依据

1）工料分析表。通过工料分析表可以查出分部分项工程中各工种的用工量和各种原材料的消耗量，以此作为计划采购的依据。

2）材料消耗量汇总。它是编制材料需求计划的依据。它是由工料分析表上的材料量，按不同品种、规格，分现场用和加工厂用汇总而成。

3）施工进度。通常是从施工项目材料计划的计划需用量中摘出计划期与施工进度对应部分的材料需用量，然后汇总求得计划期内汇总材料的总需用量。

（2）材料计划需用量

1）直接计算法。通常是根据施工图纸计算分部分项工程实物工程量，并结合施工方案及措施，套用相应定额，填制材料分析表。在进行各分项工程材料分析后经过汇总，便可以得到单位工程材料需用量，当编制月、季材料需用量计划时，再按施工部位要求及形象进度分别切割编制。它的计算公式如下：

某种材料计划需用量＝
建筑安装实物工程量×某种材料的消耗定额

上式中，建筑安装实物工程量是依据施工图纸计算出来的，式中材料消耗定额采用材料消耗施工定额或预算定额。

2）间接计算法。当工程任务已基本落实，但在设计图纸未出、技术资料不全等情况下，需要编制材料计划时，**可根据投资、工程造价、建筑面积匡算主要材料需用量做好备料工作**。以此编制的材料需用计划可作为备料依据。一旦图纸齐备，施工方案和技术措施落实后，应用直接计算法核实，并对间接计算法得到的材料租用量进行调整。

（3）材料实际需用量

核算材料实际需用量的依据有以下几个方面：

1）对一些通用性材料，在工程进行初期阶段，考虑到可能出现施工进度超前的因素，一般都略加大储备，因此，实际需用量就略大于计划需用量。

2）在工程竣工阶段，要考虑到"工完料清场地净"，防止工程竣工后材料积压，一般用库存控制进料，这样实际需用量要略小于计划需用量。

3）对于一些特殊材料，为了工程质量要求，往往是要求一批进料，所以计划需用量虽只是一部分，但在申请采购中往往是一次购进，这样实际需用量就要大大增加。计算公式为：

实际需用量＝计划需要量＋计划储备量—期初库存量。

2. 怎样进行设备需用数量计算？

答：单位工程施工机械需用（台班）量计算是根据单位工程工程量、施工方案、施工机具类型及定额机械台班用量编制的。

3. 编制材料配置计划的依据有哪些？

答：编制材料配置计划的依据包括：

（1）项目投标书中的《材料汇总表》；

（2）项目施工组织设计；

（3）当期市场物资采购价格。

编制年度材料计划的依据主要包括：企业年度方针目标、项目施工组织设计和年度施工计划以及企业现行物资消耗定额等。

4. 编制单位工程设备需用量计划的依据有哪些？

答：单位工程设备需用量计划主要用于确定施工机具类型、数量、进场时间，落实机具来源，组织进场、退场日期。其编制的依据是单位工程施工进度计划和施工方案。

5. 怎样编制项目物资供应计划？

答：供应计划是各类物资的实际进场计划，是项目物资部根据施工形象进度和物资的现场加工周期所提出的最晚进场计划。供应计划的编制可按项目物资的分类管理进行，以减少中间环节，发挥各级物资管理人员的作用。对物资分类主要是根据物资对企业质量和成本的以下程度和物资管理体制进行的，物资一般分为 A、B、C 三类。

（1）A 类物资供应计划。这类物资由公司负责供应，由项目物资简历表根据月度物资申请计划和施工现场、加工现场、加工周期和供应周期分别报出。供应计划应交公司物资管理部门一份，由各专业责任人员按计划时间要求供应到指定地点。

（2）B 类物资供应计划。这类物资由项目部负责供应，由项目物资部门监理根据审批的申请计划和项目部提供的现场实际使用时间、供应周期直接编制。

（3）C 类物资供应计划。这类物资由项目部自行负责供应，在进场前按物资供应周期直接编制采购计划进场。

计划中要明确物资的类别、名称、品种（型号）规格、数量、进场时间、交货地点、验收人和布置日期、编制依据、送达日期、编制人、审核人、审批人。

第二节　建筑材料市场信息，材料、设备的采购

1. 怎样进行材料采购的信息准备？

答：采购准备的重要内容之一是熟悉市场情况，掌握有关项

目所需的货物及服务的市场信息。良好的市场信息机制包括以下三个方面。

（1）监理重要的货物来源记录，以便需要时能随时提出不同的供应商所能供应货物的规格、性能及可靠的相关信息。

（2）建立同一类货物的价格目录，以便采购者利用竞争性价格得到好处，比如商业折扣。

（3）对市场情况进行分析研究，作出预测，使采购者在制定采购计划、决定如何捆包及采取何种采购方式时，能有比较可靠的依据作为参考。

这一任务通常要求项目组织、业主、采购代理机构通力合作来承担。

2. 怎样对物资供应方进行评定？

答：（1）评定方法

1）对物资供方能力和产品质量体系进行实地考察与评定；

2）对所需产品样品进行综合评定；

3）了解其他使用者的使用效果。

（2）评定内容

1）供方资质。供方的营业执照、生产许可证、安全生产证明、企业资质证明有效期的认定；

2）供方质量保证能力。物资样品、说明书、产品合格证、试验结果；

3）供方资信程度。供方生产规模、供方业绩、社会评价、财务状况；

4）供方服务能力。供货能力、履约能力、后续服务能力；

5）供方安全、环保能力。安全资格、环保能力、人员资格；

6）供方遵守法律法规、履行合同或协议的情况；

7）供货能力。批量生产能力、供货期保证能力与资质情况；

8）付款要求。资金的垫付能力和流动资金情况；

9）企业履约情况及信誉；

10）售后服务能力；

11）同等质量的产品单价竞争能力。

（3）评定程序

1）物资供方的评定工作由公司物资经理负责。

2）物资采购人员根据企业内部员工和外界人士推荐、参加各类展会、IT 网查询所得到的及所需的供方资料，按有关规定的供应商资格预审内容由供应商在规定表格上填写。

3）各级采购人员根据所审批的供应商资格预审表（评定表）按采购权限将物资供方分类整理，并按上述评定方法与内容，进行综合评定后填写评价意见。

4）公司物资部门经理审核后在评定表后的"评价结果"一栏中签署评价意见后报经公司有关领导审核。

5）经公司主管领导审批后，将评价合格的物资供方列入公司合格供方花名册中，作为公司或项目各类物资采购选择供方的范围。

3. 怎样对物资供应方进行评估？

答：对物资供应方每年定期重新评估，即业绩评价，从而淘汰不符合要求的物资供应方，以确保所提供物资能够满足工程设计质量要求，使业主满意。每年更新供方目录，不符合的撤出；符合要求的及时评价、补充。

（1）评估内容

1）生产能力和供货能力；

2）所需产品的价格水平和社会信誉；

3）质量保证能力；

4）履约表现和售后服务水平；

5）产品坏保、安全性。

（2）评估程序

1）由采购员牵头，组织项目物资部、机电部和项目有关人员对已供货的供方进行一次全面的评价，并填写供应商评估表。

2）使用单位的有关部门和采购部门在供应商评估表中填写实际情况。

3）公司物资部门经理根据评估内容签署意见，确定是否继续保留在合格供应单位名单中。

4. 如何拟定采购合同的主要条款内容？

答：（1）材料采购合同的主要条款包括：

1）材料名称（牌号、商标）、品种、规格、型号、等级；

2）材料质量标准和技术标准；

3）材料的数量和计量单位；

4）材料的包装标准和包装物品的供应和使用办法；

5）材料的交货单位、交货方式、运输方式、到货地点（包括专用线、码头）；

6）接（提）货单位和（接）提货人；

7）交（提）货期限；

8）验收方法；

9）材料单价、总价及其他费用；

10）结算方式，开户银行，账户名称，账号，结算单位；

11）违约责任；

12）供需双方协商同意的其他事项。

（2）设备供应合同包括的内容：

1）采购设备的数量；

2）采购设备的价格；

3）采购设备的技术标准；

4）设备采购的现场服务。

5. 怎样预测并规避采购合同的风险？

答：（1）采购合同风险预测

1）充分了解采购材料和设备供应市场的行情及其变化规律和趋势；

2）充分了解考察采购供应商的企业资质、供应能力、价格水平及售后服务情况；

3）如有必要，可对确定的采购供应商的资信情况、履约能力、社会信誉进行背景调查；

4）加强采购合同管理，对供应商的履约行为进行监控和制约。

（2）规避采购合同风险

1）充分研读施工组织设计和进度计划安排，制定科学、可行的材料需求和供给计划；

2）用合同手段和经济手段对材料、设备供应商履约过程和效果进行干预、监督和调控；

3）根据采购市场材料、设备供需情况变化的规律，适时、适度制定和调整需求计划，减少因价格和需求量的波动带来的经济负担和损失；

4）对大宗材料和投资额度很大的设备采购合同，可通过商业保险来分散可能违约带来的重大损失，转嫁风险和风险损失。

6. 怎样进行材料订货的准备和谈判？

答：（1）材料订货的准备

实施采购和加工订货前，应做好细致的准备工作，掌握资源与需用双方情况。一般包括需要落实需要采购材料设备品种、规格、型号、数量、质量、使用时间、送货地点、进货批量和价格限制；了解资源情况，考察供应商的企业资质、供应能力、价格水平及售后服务情况，提出采购建议；选择和确定采购供应商，必要时到供应商生产、储备地点进行实地考察，按企业采购工作管理程序办理相关签认手续；编制采购加工订货实施计划，报请有关领导批准。

（2）材料订货的谈判

材料订货的谈判是材料采购方和供货方在达成采购意向的前提下，就材料采购合同中涉及的具体事项逐一进行推敲、讨价还价、协商议定达成一致的材料采购合同缔结过程中的主要事项，它的具体内容通常为：

1）采购方和特定的材料供应商就合同标的物的质量、数量、规格、尺寸和细节问题逐一协商；

2）对合同价款进行讨价还价，充分协商，最终达成一致；

3）就材料进场交接、验收、质量评定、不合格材料的处理方式等具体事项协商一致；

4）就合同价款确定和支付程序、方式和步骤等作细致、认真协商；

5）就合同双方当事人的责、权、利进行对等充分的讨论制定；

6）就合同违约的可能情况和后果进行预测，对违约事件的处理通过协商确定具体可操作的流程和办法；

7）对合同未尽事项的处理程序和不可抗力可能带来的影响等明确处理程序和办法；

8）缔结材料订货合同文稿。

7. 采购的施行包括哪些内容？

答：（1）采购询价

企业根据采购计划需要，在合格供应商名册中选择有同类材料供应经理的供应商及建设方、项目部推荐的供应商进行询价及相关服务咨询。

（2）供应商选择

企业采购部门根据采购询价结果选择参与投标的供应商，如果进入招标范围的供应商不在合格供应商目录中，应通过合格分供方评审程序。

（3）采购招标

1）招标人在入围的供应商中进行招标，供应商不应少于三家。

2）企业实行招标采购物资时，成立包括物资、财务、商务、法律、技术、项目等部门负责人参加的招标小组，负责物资采购招标的评标、比价、定标；对中标单位发放招标通知书。

3）对于批量小、品种单一、价格低廉的物资，可以采用非招标形式采购。

4）采购合同经评审及相关部门会签后，由企业指定的授权人审核、批准、签署。

8. 采购材料和设备的到货检验应遵循哪些程序？

答：（1）采购材料的到货检验应遵循的程序

材料买卖双方现货现场成交的，当场查验材料的数量、品种、规格及外观质量，无误后即执行完毕。提货成交的应到成交地点查验采购材料或产品是否与谈判达成的协议一致。履行协商确定的全部内容无误后，执行完毕。签订供销合同的，按合同规定的期限到货时，由供需双方共同交接验收。

（2）采购设备的到货检验应遵循的程序

1）采购设备到达目的地后，采购人要向供货方发出到货检验通知，由双方共同检验。

2）货物清点。由双方代表依照运单和装箱单共同对货物进行清点，如发现不符合之处，要明确责任归属。

3）开箱检验。货物运到现场后，双方应共同开箱检验。

9. 采购设备的检验应符合哪些要求？

答：采购设备的检验应符合以下要求：

（1）现场后开箱验收应根据采购合同和装箱单，开箱检验采购产品的外观质量、型号、数量、随机资料和质量证明等，并填写检验记录表。符合条件的采购产品，应在办理入库手续后妥善保管。

（2）对待特种设备、材料、制造周期长的大型设备可采取直接到供货单位验证的方式。有特殊要求的设备和材料，可委托具有检验资格的机构进行第三方检验。

（3）产品检验时使用的检验器具应满足检验精度和检验目的要求，并在有效期内。

产品检验涉及的规范标准应齐全有效，检验抽检频次、代表批量和检验项目必须符合规定要求。产品的取样必须具有代表性，且按规定的部位、数量及采选的操作要求进行。不论哪一种成交方式，对所采购进行的材料、设备要严格按相应规范规定的验收要求进行验收。

10. 采购和订货结算方式包括哪些内容？

答：工程项目的材料结算方式，是指在规定的期限内，需方以货币支付供方所提供的材料价值和服务价值的形式。选择结算方式应遵循既有利于资金周转又简便易行的原则。

（1）企业内部结算方式

企业内部结算主要是指工程项目与企业的结算，主要方式包括转账法、内部货币法和预付法等。

1）转账法。根据工程项目材料到货验收凭证，通过企业财务（结算）中心，办理资金的支付和划转。这种方法简单方便、缺点是难于实现控制，易发生企业对工程项目的款项拖欠。这种结算方式主要用于大宗材料结算。

2）内部货币法。由企业财务部门或内部银行发行并签认后生效使用。持证（或券）者在限额内申请和使用材料，供方在限额内供料，互相签认后供方凭签认量在企业财务（结算）中心结算。这种做法的优点是直接清晰，便于控制；缺点是证（或券）计算繁杂，主要用于分散、零星材料的结算。

3）预付法。工程项目月初申报材料计划的同时，将资金预付给供方，月底按工程项目实际验收量办理结算，多退少补。此做法的优点是便于控制；缺点是易造成资金分散和呆滞。

（2）企业对外结算方式

企业对外结算主要是指工程项目直接与企业外部供方的结算。此类工程项目通常都设置独立的银行账户，单独设立账户的可委托本企业财务（结算）中心实施结算。

1）托收承付。由收款单位根据采购合同规定发货后，委托银行向工程项目（或企业财务中心）收取贷款，工程项目（或企业财务中心）根据采购合同核对收货凭证和付款凭证无误后，在承付期内承付的结算形式。

2）信汇结算。收款单位在发货后，将收款凭证和有关发货凭证，用挂号函寄给工程项目，经工程项目审核无误后，通过银行汇给收款单位。

3）委托银行汇款结算。由工程项目（或企业财务结算中心）按采购和加工订货所需款项，委托银行从本单位账户中将款项转入指定收款单位账户的一种结算方式。

4）承兑汇票结算。工程项目（或企业财务结算中心）开具在一定期限后才可兑付的支票付给收款单位。兑现期到后，由银行将所指款项有付款账户转入收款方账户。

5）支票结算。工程项目（或企业财务结算中心）签发支票，由收款单位通过银行。凭支票从工程项目（或企业财务结算中心）账户支付款项的一种同城结算方式。

6）现金结算。工程项目（或企业财务结算中心）将价款直接交供应方，但每笔现金金额不应超过当地银行规定的现金限额。

第三节　进场材料、设备进行符合性判断

1. 如何对水泥按验收批进行进场验收及记录？并按检验批进行复验及记录？

答：验收及记录包括如下内容：

（1）水泥进场时应核对纸袋上生产厂家工厂名称，水泥品种、级别，水泥代号，包装年、月、日和生产许可证编号，然后点数；散装仓号、散装出厂日期等进行检查；并对水泥强度、安定性及其他必要的性能指标进行复验，其质量必须符合现行国家

标准《通用硅酸盐水泥》GB 175 等的规定。

（2）当在使用中对水泥质量有怀疑或水泥出厂超过三个月（快硬性水泥超过一个月）时，应进行复验。

（3）水泥的 28d 强度值在水泥发出日起 32d 内由发出单位补报。收货仓库接到此试验报告单后，应与到货通知书核对品种、强度等级和质量，然后保存此报告单，以备查、考、验，并按复验结果使用。

（4）袋装水泥一般每袋净重 50±1kg，验收时要特别注意。

（5）水泥检验批的划分。检查数量按同一生产厂家、同一等级、同一品种、同一批号且连续进场的水泥，袋装不超过 200t 为一批，散装 500t 为一批，每批抽样不少于一次。

（6）钢筋混凝土结构、预应力混凝土结构中，严禁使用含氯化物的水泥。

（7）记录。根据进场验收查验的厂名、品种、强度等级、代号和包装日期、许可证号和点数结果，逐项记录登记，记录单据一式三份，一份返还送货单位、一份交由公司材料采购部、一份由施工项目部留存，作为工程管理资料的组成部分。

2. 如何对预拌混凝土（商品混凝土）按验收批进行进场验收及记录？按检验批进行复验及记录？

答：预拌混凝土合格证由厂商负责提供，应按国家标准规定留置试块。预拌混凝土厂内例行制作的试块外，到达工地浇筑时尚应在入模处再次抽样制作试块。项目部应与厂商签订质量保证书（含经济赔偿责任），以防患于未然。

用于交货检验的混凝土按 $100m^3$ 作为一个工作台班拌制的混凝土，不足 $100m^3$ 按每工作台班。当连续供应混凝土量大于 $1000m^3$ 时，按 $200m^3$ 计算。

并对每个检验批按有关规范和标准的规定，在与构件同环境条件下留置足够数量的试块在 28d 龄期时作强度等有关物理力学性能指标测试，并填写和保留测试记录。

3. 怎样检查评价钢筋外观质量、质量证明文件、复验报告？

答：钢筋使用前，应全数检查其外观质量，钢筋表面标志应清晰明了，标志包括强度级别、厂名（汉语拼音字母头表示）和直接（mm）数字，钢筋外表面不得有裂纹、折叠、结疤及杂质，钢筋应平直、无损伤、表面不得有裂纹、油污、颗粒状或片状老锈。盘条允许有压痕或局部凸块、凹块、划痕、麻面，但其深度或高度（从实际尺寸算起）不得大于 0.2mm；带肋钢筋表面凸块不得超过横肋高度，钢筋表面上其他缺陷的深度和高度不得大于所在部位尺寸的允许偏差；冷拉钢筋不得有局部颈缩；钢筋表面氧化皮（铁锈）质量不大于 16kg/t。

进场的钢筋应有标牌（标明生产厂、生产日期、钢号、炉罐号、钢筋级别、直径等标志），应按炉罐号、批次及直径分批验收，分别堆放整齐，严防混料。并对其检验状态进行标识，防止混用。

对进场的钢筋按进场的批次和产品抽样检验方案确定抽样复验，钢筋检验报告结果应符合现行国家标准。进场复验报告是判断材料能否在工程中应用的依据。

依照国家规范和标准要求，逐项对外观性状、力学指标，变形性能及可焊性能等指标对照根据试验和复验报告单提供的各类检验和复验的数据和外观检查得到的信息，判断其质量，对不合格的项次要严格依照国家标准进行更严格的考量。

4. 如何对砂浆按验收批进行进场验收及记录？并按检验批进行复验及记录？

答：（1）砂浆材料质量控制

水泥的强度等级应根据设计要求选择。水泥砂浆采用的水泥，其强度等级不宜大于 32.5 级；水泥混合砂浆采用的水泥，其强度等级不宜大于 42.5 级。水泥进场前，应分批对其强度、安定性进行复验。检验批应以同一厂家、同一编号为一批。当在使用中对水泥质量有怀疑或水泥出厂超过三个月（快硬性硅酸盐水泥一个月）时，应复查试验，并按其结果使用。不同品种、强度的水泥不得混合使用。

砂宜用中砂，其中毛石砌筑用粗砂。砂的含泥量应该为：对水泥砂浆和强度等级不小于 M5 的水泥混合砂浆，不应超过 5％；强度等级小于 M5 的水泥砂浆，不应超过 10％。

按有关规范和标准的规定要求，对每个检验批测定的砂浆强度资料进行保留，并作为工程质量文件归档管理。

（2）砂浆的主要技术性能

1）流动性。砂浆流动性指砂浆在自重或外力作用下流动的性能，用稠度表示。影响砂浆流动性的因素包括所用胶凝材料种类及数量、用水量、掺合料的种类与数量、砂的形状、粗细与级配、外加剂的种类与掺量、搅拌时间。

2）保水性。保水性指砂浆拌合物保持水分的能力，砂浆的保水性用分层度表示。砂浆的分层度不得大于 30mm。

3）抗压强度与强度等级。砂浆的强度用强度等级来表示。砂浆强度等级是以边长为 70.7mm 的立方体试件，在标准状况下养护 28d，用标准方法测得的抗压强度值（单位为 N/mm^2）确定。

（3）砂浆试块强度的检验与评定

砂浆试样应在搅拌机出料口随机取样制作一组试样应在同一盘砂浆中取样制作，同一盘砂浆应制作一组试样。

1）砂浆的抽样频率规定

每一楼层或 250m³ 砌体中的各种强度等级的砂浆，每台搅拌机至少应制作一组试块。如砂浆强度等级或配合比变更时，还应制作试块。基础砌体可按一个楼层计。

2）砂浆立方体强度的测定

对于砂浆立方体强度的测定，《建筑砂浆基本性能试验方法标准》JGJ/T 70—2009 中做出如下规定：立方体试件以 3 个为一组进行评定，以三个试件测值的算术平均值的 1.3 倍作为该组试件砂浆立方体试件抗压强度平均值（精确至 0.1MPa）。当三个测值的最大值或最小值中如有一个与中间值的差值超过中间值的 15％时，则把最大值和最小值一并舍除，取中间值为该组试件的抗压度值。如有两个测值与中间值的差值均超过中间值的 15％，则该组试件的试验结果无效。

5. 怎样检查评价砌体中砖和试块、生石灰和混凝土外加剂等材料的质量、质量证明文件、复验报告？

答：（1）砖和试块的外观质量要求

砖和试块进场应按要求进行取样试验，并出具试验报告，合格后方可使用。砖和试块的品种、强度必须符合设计要求。用于清水墙、柱表面的砖。应边角整齐、色泽均匀。

（2）生石灰的质量控制

生石灰熟化成石灰膏时，应用孔径不大于 3mm×3mm 网过滤，熟化时间不得少于 7d；磨细生石灰粉的熟化时间不得少于 2d。沉淀池中储存的石灰膏，应采取防止干燥、冻结和污染的措施。配制水泥石灰砂浆时，不得采用脱水硬化的石灰膏。

（3）外加剂的质量控制

凡在砂浆中掺入有机塑化剂、早强剂、缓凝剂、防冻剂等，应在检验和试配符合要求后，方可使用。有机塑化剂应有砌体强度的型式检验报告。

依照国家规范和标准要求，逐项对块材外观性状、力学指标，对水泥的出厂检验报告中的强度、安定性等指标进行核查，对照国家标准严格评定，需要时按规定进行复验。各类检验和复验的数据和外观检查得到的信息照判断其对质量不合格的项次，要严格依照国家标准的进行更严格的考量。判定砖及水泥等主要材料的是否合格，应严格依据国标规定判定并处理。

6. 怎样检查评价钢筋外观质量、质量证明文件、复验报告?

答：钢筋使用前，应全数检查其外观质量，钢筋表面标志应清晰明了，标志包括强度级别、厂名（汉语拼音字母头表示）和直接（mm）数字，钢筋外表面不得有裂纹、折叠、结疤及杂质，钢筋应平直、无损伤、表面不得有裂纹、油污、颗粒状或片状老锈。盘条允许有压痕或局部凸块、凹块、划痕、麻面，但其深度或高度（从实际尺寸算起）不得大于 0.2mm；带肋钢筋表面凸块不得超过横肋高度，钢筋表面上其他缺陷的深度和高度不得大于所在部位尺寸的允许偏差；冷拉钢筋不得有局部颈缩；钢筋表面氧化皮（铁锈）质量不大于 16kg/t。

进场的钢筋应有标牌（标明生产厂、生产日期、钢号、炉罐号、钢筋级别、直径等标志），应按炉罐号、批次及直径分批验收，分别堆放整齐，严防混料。并对其检验状态进行标识，防止混用。

对进场的钢筋按进场的批次和产品抽样检验方案确定抽样复验，钢筋检验报告结果应符合现行国家标准。进场复验报告是判断材料能否在工程中应用的依据。

依照国家规范和标准要求，逐项对外观性状、力学指标、变形性能及可焊性能等指标对照根据试验和复验报告单提供的各类检验和复验的数据和外观检查得到的信息判断，对质量不合格的项次要严格依照国家标准进行更严格的考量，判定钢筋的是否合格应严格依据国标规定判定并处理。

7. 怎样检查评价屋面卷材防水工程施工的外观质量、质量证明文件、复验报告?

答：（1）一般规定

1）铺设屋面隔气层和防水层前，其层必须干净、干燥。

2）卷材铺贴方向应符合下列规定：屋面坡度小于 3％时，卷材宜平行屋脊铺贴，屋面坡度在 3％～15％时，卷材可平行或垂直屋脊铺贴。屋面坡度大于 15％ 或屋面受振动时，沥青防水卷材应垂直屋脊铺贴，高聚物改性沥青防水卷材和合成高分子防水卷材可平行或垂直屋脊铺贴，上下层卷材不得相互垂直铺贴。

3）铺贴卷材采用搭接法时，上下层及相邻两幅卷材的搭接缝应错开。

4）冷粘法铺贴卷材应符合下列规定：胶粘剂涂刷应均匀，不露底，不堆积。铺贴的卷材下面的空气应排尽，并辊压粘结牢固。铺贴卷材应平整顺直，搭接尺寸准确，不得扭曲、皱折。接缝口应用密封材料封严，宽度不小于 10mm。

5）火焰加热器加热卷材应均匀，不得过分加热或烧穿卷材；卷材表面热熔后应立即滚铺卷材，卷材下面的空气应排尽，并辊压粘结牢固，不得空鼓。卷材接缝部位必须溢出热熔的改性沥青胶。铺贴的卷材应平整、顺直，搭接尺寸准确、不得扭曲、皱折。

6）自粘法铺贴卷材应符合下列规定：铺贴卷材前基层表面应均匀涂刷基层处理剂，干燥后应及时铺贴卷材。铺贴卷材时，应将自粘胶底面的隔离纸全部撕净。卷材下面的空气应排尽，并辊压粘结牢固。铺贴的卷材应平整顺直，搭接尺寸准确，不得扭曲、皱折。搭接部位宜采用热风加热，随即粘结牢固。接缝口应用密封材料封严。宽度不应小于 10mm。

7）卷材防水层完工并经验收合格后，应做好产品保护。保护层的施工应符合下列规定：绿豆砂应清洁、预热、铺撒均匀，并使其沥青玛瑞脂粘结，不得残留未粘结的绿豆砂。

8）云母或蛭石保护层不得有粉料，撒铺应均匀，不得露底，多余的云母或蛭石应清除。水泥砂浆保护层的表面应抹平压光，并设表面分隔缝。刚性保护层与女儿墙、上墙之间应预留宽度为 30mm 的缝隙，并用密封材料嵌填严密。

（2）主控项目

1）卷材防水层所用卷材及其配套材料，必须符合设计要求。检验方法：检验出厂合格证、质量检验报告和现场抽样复验报告。

2）卷材防水层不得有渗漏或积水现象。检验方法：雨后或淋水、蓄水检验。

3）卷材防水层在天沟、檐沟、檐口、水落口、泛水、变形缝和伸出屋面的管道的防水构造，必须符合设计要求。检验方法：检查隐蔽工程验收记录。

依照国家规范和标准要求，逐项对所用材料外观性状、粘结性能指标等出厂检验报告中的性能等指标进行核查，对照国家标准严格评定，需要时按规定复验。各类检验和复验的数据及外观检查得到的信息对照判断，对质量不合格的项次要严格依照国家标准的进行更严格的考量，判定卷材和胶粘剂主要材料的是否合格应严格依据国标规定判定并处理。不合格材料禁止使用。严格施工工艺和程序管理确保施工质量符合设计要求。

8. 混凝土的检验批怎样划分？其质量怎样判定？

答：（1）混凝土强度检验评定的检验批的划分

混凝土强度应分批进行检验评定，一个检验批的混凝土应由强度等级相同，生产工艺条件和配合比基本相同的混凝土组成。

（2）混凝土取样

混凝土的取样应在混凝土浇筑地点随机取样，预拌混凝土的取样执行《预拌混凝土》GB/T 14902 的规定。

试件的取样频率和数量应符合下列规定，每 100 盘，但不超过 $100m^3$ 的同配合比混凝土，取样次数不应少于 1 次；每一工作班（8h）拌制的同配合比混凝土不足 100 盘和 $100m^3$ 时，其取样次数不少于一次；当一次连续浇筑超过 $1000m^3$ 时，每 $200m^3$ 取样不少于一次；对房屋建筑，每一楼层、同一配合比的混凝土，取样不应少于一次；每组 3 个试样应由同一盘或同一车中混凝土取样的同配合比混凝土制作。

混凝土的取样制作，除满足混凝土强度评定所必须的组数外，还应留置检验结构或构件施工阶段混凝土强度所必须的试件。

（3）混凝土试块的制作与养护

1）制作规定。每次取样应至少制作一组标准养护的试件。每组 3 个试件应由同一盘或同一车中的混凝土中取样制作。

2）养护规定。采用蒸汽养护的构件，其试验应先随构件同条件养护，然后应留置入标准养护条件下继续养护，两段养护时间的综合应为设计规定的龄期。

（4）混凝土强度检验评定方法

混凝土强度的分布规律，不但与统计对象的生产周期和生产工艺有关，而且与统计整体的混凝土配置强度和试验龄期有关。大量的统计分析和试验研究证明，同一等级的混凝土，在龄期相同、生产工艺和配合比基本一致的条件下，其强度的概率分布可用正态分布来描述。对大量、连续生产的混凝土，以及用于评定的样本容量不少于 10 组时，应按统计方法确定；对于小量或零星生产混凝土的强度，当用于评定的样本容量少于 10 组时，应按非统计方法评定。

（5）混凝土强度检验不合格的处理

对评定不合格批的混凝土，应进行鉴定。可采用从结构或构件中钻取试件的方法或非破损的检验方法，对混凝土的强度进行检验，作为混凝土强度处理的依据。

9. 钢材试验内容、方法和判定标准各有哪些？

答：（1）钢材的分类与牌号

热轧带肋钢筋通常在其表面扎有牌号标志，还依次轧有经注册的厂名（或商标）和公称直径毫米数字。钢筋牌号以阿拉伯数字或阿拉伯数字加英文字母表示。HRB335、HRB400、HRB500 分别以 3、4、5 表示，HRBF335、HRBF400、HRBF500 分别以 C3、C4、C5 表示。厂名以汉语拼音字头表示。公称直径毫米数以阿拉伯数字表示。对于公称直径不大于 10mm 的钢筋，可不轧制标志，可采用挂标牌的方法。

热轧光圆钢筋按屈服强度特征值分为 300 级。钢筋牌号的构成及其含义如表 4-1 所示。

钢筋牌号的构成及其含义　　　　　表 4-1

类别	牌号	牌号构成	英文字母含义
热轧光圆钢筋	HPB300	由 HPB+屈服强度特征值构成	HPB—热轧光圆钢筋的英文（Hot rolled Plain Bars）缩写
普通热轧带肋钢筋	HRB335	由 HRB+屈服强度特征值构成	HRB—热轧带肋钢筋的英文（Hot rolled Ribbed Bars）缩写
	HRB400		
	HRB500		
细晶类热轧钢筋	HRBF335	由 HRBF+屈服强度特征值构成	HRB—热轧带肋钢筋的英文缩写后加"细"的引文（Fine）首位字母
	HRBF400		
	HRBF500		

有较高要求的抗震结构适用的钢筋牌号已有带肋钢筋牌号后加 E（如 HRB400E、HRBF400E）的钢筋。

（2）技术要求

钢筋的性能主要包括力学性能和工艺性能。其中，力学性能是钢材最重要的使用性能，包括拉伸性能、冲击性能、疲劳性能等。工艺性能表示钢筋在各种加工过程中的行为，包括弯曲性能和焊接性能。为节省篇幅，这里不再详述各类钢筋的技术要求。

（3）钢筋的抽样

1）对进场的钢筋首先进行外观检查，核对钢筋出厂的检验报告（代表数量）、合格证、成捆筋的标牌、钢筋上的标识，同时对钢筋的直径、肋高等进行检查，表面质量不得有裂痕、结疤、折叠、凹块和凹陷。外观检查合格后进行见证取样复试。

2）取样方法。拉伸、弯曲试样，可在每批材料或每盘中任选两根钢筋距端头 500mm 处截取。拉伸试样直径 $R6.5 \sim 20mm$，长度为 $300 \sim 400mm$。弯曲试样长度为 250mm，直径 $R25 \sim 32mm$ 的试样长度 $350 \sim 450mm$，弯曲试样长度 300mm。

取样在监理工程师见证下进行，取样两组，一组送样，一组封样保存。

3）批量。同一厂家、同一牌号、同一规格、同一炉罐号同一交货状态每 60t 为一验收批。不大于 60t 为一批在每批材料中任选两根钢筋从中切取。拉伸两根 40cm；弯曲两根 150cm＋5d（d 为钢筋直径）。

10. 怎样检查评价节能材料的外观质量、质量证明文件、复验报告？

答：用于节能工程的材料、构件等，其品种、规格应符合设计要求和相关标准的规定。检验和评定的方法为观察、尺寸检查；核查质量证明文件。进场节能保温材料和构件的外观和包装应完整、无破损，符合设计要求和产品标准的规定。采用外观检查和全数检查方法进行质量证明文件，应按照其出厂检验批检查。

严格按照进场材料的批次和数量比对检验、检测报告中约定的项目内容，对不符合实际的作出标记，也可按照有关规程的规定进行复验或检测，重新评定其质量等级。对于材料不合格的检验批，应按有关规定处理。

第四节　组织保管、发放施工材料和设备

1. 怎样对进场水泥的现场仓储进行管理？怎样对受潮水泥进行处理？

答：（1）水泥的现场仓储管理

1）水泥进场入库验收。水泥进场入库必须附有水泥出厂合格证或水泥进场质量检测报告。进场时应检查质量检测报告单水泥品种、强度等级、与水泥包装袋上印的标志是否一致，不一致的要另外码放，待进一步查清；检查水泥出厂日期是否超过规定时间，超过的要另行处理；遇到有两个单位同时到货的应详细

验收，分别码放，挂牌标明，防止水泥生产厂家、出厂日期、品种、强度等级不同而混杂使用。水泥入库后，应按规范要求复检。

2）仓储保管。水泥仓储保管时必须注意防水、防潮，应放入仓库保管。仓库的地坪要高出室外地面 20～30cm，四周墙面要有防潮措施。袋装水泥在存放时，应用木料垫高 30cm，四周离墙 30cm，码垛时一般码放 10 袋，最高不超过 15 袋。储存散装水泥时，应将水泥储存于专用的水泥罐中，以保证既能用自卸汽车进料，又能人工出料。

3）临时存放。如遇特殊情况，水泥需临时露天存放时，必须设有足够的遮垫措施，做到防水、防雨、防潮。

4）空间安排。水泥储存时要合理安排仓库内出入通道和堆垛位置，以使水泥能够实行先进先出的发放原则，避免部分水泥因长期积压在不易运出的角落里，从而造成水泥受潮变质。

5）储存时间。水泥的储存时间不能太长，水泥会吸收空气中的水分缓慢水化而降低强度，袋装水泥储存 3 个月后强度降低 10%～20%；6 个月后强度降低 15%～30%；一年后强度降低 25%～40%。水泥的存储期自出厂日期算起，通用硅酸盐水泥出厂超过 3 个月、铝酸水泥出厂超过 2 个月、快凝快硬水泥出厂超过 1 个月，应进行复检，并按复检结果使用。

6）水泥应避免与石灰、石膏以及其他易飞扬的粒状材料同存，以防混杂，影响质量，包装如有损坏，应及时更换以免散失。

7）库房环境。水泥库房要经常保持清洁，落地灰及时清理、收集、灌装，并应另行收存使用。

(2) 受潮水泥的处理

水泥储存保管过程中很容易吸收空气中的水分产生水化作用，凝结成块，降低水泥强度，影响水泥的正常使用。对于受潮水泥，可以根据受潮程度按表 4-2 所列方法适当处理。

受潮程度	水泥外观	手感	强度降低	处理方法
轻微受潮	水泥新鲜,有流动性,肉眼观察完全呈细粉状	用手捏碾无硬粒	强度降低不超过5%	正常使用
开始受潮	内有小球粒,但易散成粉末	用手捏碾无硬粒	强度降低5%以下	用于要求不严格的工程部位
受潮加重	水泥细度变粗,有大量小球粒和松块	用手捏碾,球粒可成细末,无硬粒	强度降低15%~20%	将松块压成粉末,降低强度等级,用于要求不严格的工程部位
受潮较重	水泥结成粒块,有少量硬块,但硬块较松,容易被击碎	用手捏碾,球粒不能变成粉末,有硬粒	强度降低30%~50%	用筛子筛除硬粒、硬块,降低强度等级,用于要求不严格的工程部位
严重受潮	水泥中有许多硬粒、硬块,难以被压碎	用手捏碾不动	强度降低50%以上	不能用于工程中

2. 如何进行钢材现场保管?

答:建筑工程中使用的钢材通常有钢筋混凝土结构中使用的钢筋与钢结构中使用的各种型钢、钢板和钢管两大类。它们的保管方法如下。

(1)建筑钢材应按不同品种、规格,分别堆放。对于优质钢材、小规格钢材,如镀锌板、镀锌管、薄壁电线管、高强度钢丝等最好入库保管。库房内要求保持干燥,地面无积水、无污染。

(2)建筑钢材只能露天存放时,料场应选择在地势较高而又平坦的地面,经平整、夯实、预设排水沟、做好垛底,苫垫后方可使用。为避免因潮湿导致钢材表面锈蚀,雨雪季节应用防雨材料进行覆盖。

(3)施工现场堆放的建筑钢材应注明钢材生产企业名称、钢材品种、规格、进场日期与数量等内容,并以醒目标识标明建筑钢材合格、不合格、在检、待检等产品质量状态。

（4）施工现场应由专人负责建筑钢材的储存保管与发料。

（5）成型钢筋。成型钢筋是指由工厂加工成型后运到现场绑扎的钢筋。一般会同生产班组按照加工计划验收规格和数量，并交班组管理使用。钢筋的存放场地要平整，没有积水；分等级、规格码放整齐，用垫木垫起，防止水浸锈蚀。

3. 怎样进行钢筋代换应用？

答：（1）代换的原则

1）当构件受承载力控制时，建筑钢材可按强度相等原则代换，即等强度代换原则。

2）当构件按最小配筋率配筋时，建筑钢材可按截面面积相等原则进行代换，即等面积代换原则。

3）当构件受裂缝宽度或挠度控制时，建筑钢材代换后应进行裂缝宽度或挠度验算。

（2）代换方法

1）采用等面积代换时，使代换前后的钢材面积相等即可。

2）采用等强度代换时应保证代换前后钢筋产生的抗拉承载力相等，即满足

$$n_1 d_1 f_{y1} = n_2 d_2 f_{y2}$$

式中　n_1、n_2——分别为代换前、后钢筋的根数；

d_1、d_2——分别为代换前、后钢筋的直径；

f_{y1}、f_{y2}——分别为代换前、后钢筋的强度设计值。

应用上式可以求出直径不同或强度不同情况下代换后的钢筋根数 n_2。

（3）代换注意事项

1）重要结构中钢筋的代换应征得设计单位同意。

2）对于吊车梁、屋架下弦等重要构件，不宜用光圆热轧钢筋代替热轧带肋钢筋。

3）钢筋代换后，应满足配筋构造要求，如钢筋最小直径、

间距、根数、锚固长度等。

4）梁内纵向受力钢筋与弯起钢筋应分别代换，以保证构件正截面和斜截面承载力满足要求。

5）偏心受压构件和偏心受拉构件进行钢筋代换时，不按整个截面配筋量计算，应按受力面分别代换。

6）当构件受裂缝宽度控制时，如用细钢筋代换较大直径钢筋、低强度等级钢筋代换高强度等级钢筋时，可不进行构件裂缝宽度预算。

4. 怎样有效地对各类易破损材料实施保管？

答：易破损物品是指那些在搬运、存放、装卸过程中容易发生破损的物品，如玻璃制品、陶瓷制品等。易破损物品的储存保管的原则是努力降低搬运强度、减少单次装卸量、尽量保持原包装状态。为此，储存保管过程应注意以下几点：

（1）严格执行小心轻放、文明作业制度。

（2）尽可能在原包装状态下实施搬运和装卸作业。

（3）不使用带有滚轮的贮物架。

（4）不与其他物品混放。

（5）利用平板车搬运时，要对码层作适当捆绑后进行。

（6）一般情况下，不允许使用吊车作业。

（7）严格限制摆放的高度。

（8）明显标识其易损的程度。

（9）严禁以滑动方式搬运。

5. 怎样有效地对各类易燃易爆材料实施保管？

答：凡具有爆炸、易燃、毒害、腐蚀、放射性等危险性质，在运输、装卸、生产、使用、储存、保管过程中，在一定条件下能引起燃烧、爆炸，导致人身伤亡和财产损失等事故的物品，称为易燃易爆物品，如燃油、有机溶剂等。燃易爆物品储存保管过程应注意以下几点：

（1）施工现场内严禁存放大量的易燃易爆物品。

（2）易燃易爆物品品种繁多、性能复杂，储存时必须按照分区、分类、分段、专仓专储的原则，采取必要的防雨、防潮、防爆措施，妥善存放，专人管理。要分类堆放整齐，并挂牌标准。严格执行领、退料手续。

（3）保管员要详细核对产品名称、规格、牌号、质量、数量，应熟知易燃易爆物品的火灾危险性和管理储存方法以及发生事故处理方法。

（4）库房内堆垛不能太高、过密，堆垛与墙之间应保持一定的间距。库房保持通风良好，并设置明显"严禁烟火"标志。库房周围无杂草和易燃物。

（5）易燃易爆物品在搬运时严防撞击、振动、摩擦、重压和倾斜。严禁用产生火花的设备敲打和启封。

（6）库房内应有隔热、降温、防爆型通风装置，应配备足够的消防器材，并由专人管理和使用，定期检查确保其处于良好的状态。

（7）储存易燃、易爆物品的库房等场所，严禁动用明火或引入火种，电气设备、开关、灯具、线路必须符合防爆要求。工作人员不准穿钉子外露的鞋和易产生静电的化纤衣服，禁止非工作人员进入。

（8）受阳关照射容易燃烧、爆炸和产生有毒气体的化学危险物品及桶装、罐装等易燃液体，应当在阴凉、通风地点存放。

（9）遇火、遇潮容易燃烧、爆炸或产生有毒气体，怕冻、怕晒的化学危险品，不得在露天、潮湿、漏雨、低洼容易积水、低温和高温处存放；对可以露天存放的易燃物品，应设置在天然水源充足的地方，并宜布置在本单位或本地区全年最小频率风向的上风侧。

6. 怎样有效地对各类易变质材料实施保管？

答：易变质材料是指在施工现场成批储放过程中，由于仓储条件的缺失和不到位，易受到自然介质（水、盐分、CO_2 等）

和其他共存材料的作用，材料的使用性能发生变化，影响其正常使用的材料。对于该类材料，要注意了解其化学性能的特点和对仓储条件的特殊要求，以保证在储放过程中不发生变质情况。

玻璃的化学稳定性好，但存储过程中，若保管不慎受到雨水浸湿，同时受到空气中 CO_2 的作用，则极易发生粘片和受潮、发霉现象，透光性变差，影响正常使用。故保管玻璃时应放入仓库保管，并且玻璃木箱底下必须垫高 100mm，注意防止受潮、发霉。如必须露天堆放时要把下面垫高，离地约 $200\sim300$mm，上面用帆布盖好，储存时间不宜过长。

高铝水泥由于化学活性很高且易受碱性物质侵蚀，故存放时一定不要和硅酸盐水泥混放，严禁与硅酸盐水泥混用。快硬水泥易受潮变质，在运输和储放时必须注意防潮，并应及时使用，不宜久存。出厂一个月后应重新检验强度，合格后方可使用。

7. 怎样对常用施工设备实施保管？

答：常用施工设备实施保管的主要措施如下：

(1) 制定施工设备的保管、保养方案，包括施工设备分类、保管要求、保养要求、领用制度，道路、照明、消防设施规划等。

(2) 施工设备验收入库后应按品种、质量、规格、新旧残废程度的不同分库、分区、分类保管，做到"材料不混、名称不错、规格不串、账卡物相符"。

(3) 对于露天存放的施工设备，应根据地理环境、气候条件和施工设备的结构形态、包装状况等，合理堆码。码放时应定量、整齐，并做好通风防潮措施，应下垫上苫。垫垛应高出地面200mm，苫盖时垛顶应平直并适当起脊，苫盖材料不应妨碍垛底通风；同时，料场应符合下列条件：

1) 地面平坦、坚实，视存料情况，每平方米承载力 $3\sim5$t。

2) 有固定的道路，便于装卸作业。

3) 设有排水沟，不应有积水、杂草、污物。

(4) 在储存保管过程中，应对施工设备的铭牌采取妥善防护措施，确保其完好。

（5）对损坏的施工设备及时修复，延长施工设备的使用寿命，使之处于随时可以投入使用的状态。

🕵 8. 现场发料的要求、依据、程序各是什么？

答：（1）现场发料的要求

材料发放是材料存储和使用的界限，是仓储管理的最后一个环节。材料发放应遵循先进先出、及时、准确、面向市场、为生产服务，保证生产正常进行的原则。

及时是指及时审核发料单据上的各项内容是否符合要求，及时核对库存材料是否满足施工要求；及时备料、安排送料、发放；及时下账改卡，并复查发料后的库存量与下账改卡后的结存数是否相符，剩余材料及时回收利用。

准确是指准确地按发料单据的品种、规格、质量、数量进行备料、复查和点交；准确计量，以免发生差错；准确地下账、改卡，确保账、卡、物相符；准确掌握送料时间，既要防止与施工活动争场地，避免二次搬运，又要防止因材料供应不及时而使施工中断，出现停工待料现象。

节约是指有保存期限要求的材料，应在规定期限内发放；对回收利用的材料，在保证质量的前提下先旧后新，坚持能用次料不用好料、能用小料不用大料。凡交旧换新的，坚持交旧换新。

（2）现场材料发放的依据

现场发料的依据是下达给施工班组、专业施工队的班组作业计划（任务书），根据班组作业计划上签发的工程项目和工程量所计算的材料用量，办理材料的领发手续。由于施工班组、专业施工队伍各各种所负担的施工部位和项目有所不同，因此，除任务书以外，还需根据不同情况办理一些其他领发料手续。

1）工程用料发放。凡属于工程材料包括大堆材料、主要材料、成品和半成品等，必须以限额领料单作为发料依据。发生设计变更、施工不当等造成工程量增加或减少，使用的材料也会发生变更，造成限额领料单不能及时下达，此时应凭由工长填制、项目经理审批的工程暂借用料单领取所需材料，在3日内补齐限额领料单，交到材料部门作为正式发料凭证，否则停止发料。

2）工程暂设用料。在施工组织设计以外的临时零星用料，属于工程暂设用料。凭由工长填制、项目经理审批的暂设用料申请单办理发料手续。

3）调拨用料。对于调出给项目外的其他部门或施工项目的，凭施工项目材料主管人签发或上级主管部门签发、项目材料主管人员批准的调拨单发料。

4）行政及公共事务用料。对于行政及公共事务用料，主要凭材料主管人员或施工队主管领导批准的用料计划到材料部门领料，并办理材料调拨手续。

（3）现场材料发放程序

1）发放准备。材料发放前应做好计量工具、装卸倒运设备、人力以及随货发出的有关证件的准备，提高材料发放效率。

2）对施工预算或定额员签发的限额领料单下达到班组。在工长对班组交代生产任务的同时，做好用料交底。

3）核对凭证。班组料具员持限额领料单向材料员领料。限额领料单是发放材料的依据，材料员要认真审核，经核实，工程量、材料品种、规格、数量无误后限量发放。

4）当领用数量达到或超过限额数量时，应立即向主管工长和材料部门主管人员说明情况，分析原因，采取措施。若限额领料单不能及时下达，应凭有工长填制并由项目经理审批的工程暂借用料单，办理超耗及其他原因造成多用材料的领发手续。

5）清理。材料发放出库后，应及时清理拆散的垛、捆、箱、盒，部分材料应恢复原包装要求，整理垛位，登卡记账。

9. 现场发料的方法和注意事项各有哪些？

答：（1）现场发料的方法

1）大堆材料。大堆材料的进场、出场和现场发放都要进行计量检测。这样既保证实际质量，也保证了材料进出场及发放数量的准确性。大堆材料的发放除按限额领料单中确定的数量发放外，还应做到在制定的料场清底使用。

对于混凝土、砂浆所使用的砂、石，既可以按配合比进行计量控制发放，也可以按混凝土、砂浆不同强度等级的配合比，分盘计算发料的实际数量，并做好分盘记录和办理领料手续。

2）主要材料。主要材料一般是库房发材料或是在指定露天料场和大棚内保管存放，由专职人员办理领发手续。主要材料的发放凭限额领料单、有关的技术资料和施工方案办理领发料手续。需要分期发放的，要做好领发记录。

3）产品半成品。产品半成品是指如混凝土构件、门窗、铁件及成型钢筋等材料。这些材料一般是在指定的场地和搭棚内存放，由专职人员管理和发放，发放时依据限额领料单及工程进度办理领发手续。

（2）现场材料发放注意事项

1）提高材料管理人员业务素质和管理水平，熟悉工程概况、施工进度计划、材料性能及工艺要求等，便于配合施工生产。

2）根据施工生产需要，按照国家《计量法》规定，配备足够的计量器具，严格执行材料进场及发放的计量检测制度。

3）在材料发放过程中，认真执行定额领料制度，核实工程量、材料品种、规格及定额用量，以免影响施工生产。

4）严格执行材料管理制度，大堆材料清底使用，水泥早进早发，装修材料按计划配套发放，以免造成浪费。

5）加强施工过程中材料管理，采取各项技术措施节约材料。

10. 什么是限额领料？限额领料的方式有几种？

答：（1）限额领料

限额领料是依据材料消耗定额，有限制的供应材料的一种方法。就是指工程项目在建设施工时，必须把材料的消耗量控制在操作项目的消耗定额之内。

（2）限额领料的方式

1）按分项工程限额领料。按分项工程限额领料是按分项工程、分工种对工人班组实行限额领料，如按钢筋绑扎、混凝土浇筑、墙体砌筑、墙面抹灰等工序实行限额领料。其优点是用料限额的范围小，责任明确，利益直接，便于操作和管理。确定是否容易出现班组在操作中考虑自身利益而不顾及与下道工序的衔接，以致影响整体工程或承包范围的总体用料效果。

2）按分层分段限额领料。按工程施工段或施工层对混合队或扩大的班组限定材料消耗数量，按段或层考核，这种方法是指在分项工程限额领料的基础上进行了综合。其优点是对限额使用者直接、形象，较为简便易行，但要注意综合定额的科学性和合理性，这种方式尤其适合工程按流水作业划分施工段的情况。

3）按工程部位限额领料。以施工部位材料总需用量为控制目标，以分承包方为对象实行限额领料。这种做法实际是扩大了的分项工程限额领料。其特点是分承包方内部易于从整体利益出发，有利于工种之间的配合和工序之间的搭接，各班组互创条件，促进节约使用。但这种方法要求分承包方必须具备较好的内部管理能力。

4）按单位工程限额领料。这种做法是扩大了的部位限额领料方法。其限额对象是以项目经理部或分包单位为对象，以单位工程材料总消耗量为控制目标，从工程开始到完成为考核期限。其特点是工程项目材料消耗整体上得到了控制，但因考核期过长，应与其他几种限额领料方式结合起来，才能取得较好的效果。

11. 限额领料的依据和程序各有哪些？

答：（1）限额领料的依据

1）材料消耗定额；

2）材料使用者承担的工程量或工作量；

3）施工中必须采取的技术措施。

（2）限额领料的实施程序

1）限额领料单的签发。根据不同用料者所承担的工程项目和工程量，查阅相应操作项目的材料消耗定额，同时考虑该项目所需采取的技术节约措施，计算限额用料的品种及数量，填写限额领料单。

2）限额领料单的下达。将限额领料单下达到材料使用者班组并进行限额领料的交底，讲清楚使用部位、完成的工程量及必须采取的技术节约措施，提示相关注意事项。

3）限额领料单的应用。材料使用者凭限额领料单到指定的部门领料，材料管理部门在限额内发放材料，每次领发数量和时间都要做好记录，互相签认。

4）限额领料单的检查。在材料使用过程中，对影响材料使用的因素要进行检查，帮助材料使用者正确执行定额，合理使用材料。检查的内容一般包括：施工项目与限额领料要求的项目的一致性，完成的工程量与限额领料单证所要求的工程量的一致性，操作工艺是否符合工艺规程，限额领料单中要求的技术措施是否实施，工程项目操作时和完成后作业面的材料是否余缺。

5）限额领料单的验收。限额领料单所要标明的工程项目和工程量完成后，由施工管理、质量管理等人员、对实际完成的工程量和质量情况进行测定和验收，作为核算用工用料的依据。

6）限额领料单的核算。根据实际完成的工程量，核对和调整应该消耗的材料数量，与实际材料使用量进行对比，计算出材料用量的节约或超耗。

7）限额领料的分析。针对限额领料的核算结果，分析发生材料节约与超耗的原因，总结经验，汲取教训，制定改进措施。如有约定合同，则可按合同约定对用料节超进行奖罚兑现。

第五节　危险物品安全管理

1. 设备材料安全管理的责任制包括哪些内容？

答：（1）凡购置的各种机电设备、脚手架、新型建筑装饰、防水等料具或直接用于安全防护的料具及设备，必须符合国家、省市有关规定，必须有产品介绍或说明的资料，严格审查其产品合格证明资料，必要时做抽样试验，回收的必须检修。

（2）采购的劳动保护用品，必须符合国家标准及省市有关规定，并向主管部门说明，接受对劳动保护用品的质量监督检查。

（3）认真执行建筑工程现场管理基本标准的规定及施工现场平面布置图要求，做好材料堆放和物品储存，对物品运输应加强管理，保证安全。

（4）对设备的租赁，要建立安全管理制度，确保租赁设备完好、安全可靠。

（5）对新购进的机械、锅炉、压力容器及大修、维修、外租回场后的设备必须严格检查和把关，新购进的要有出厂合格证和完整的技术资料，使用前制定安全操作规程，组织专业技术培训，向有关人员交底并进行鉴定验收。

（6）参加施工组织设计、施工方案的会审，提出设备材料涉及安全的具体意见和措施，同时负责督促和岗位落实，保证实施。

（7）对涉及设备材料相关特种作业人员定期培训、考核。

（8）参加因工伤亡及重大事故的调查，从事故材料方面认真分析事故原因，提出处理意见，制定防范措施。

2. 怎样辨识现场危险源？常见的现场危险源管理措施有哪些？

答：（1）辨识现场危险源

危险源是指可能导致死亡、伤害、职业病、财产损失、工作环境破坏或这些情况组合的根源或状态。危险源的识别是安全管理的基础工作，主要目的是找出与每项工作活动有关的危险源，并考虑这些危险源可能会对什么人造成什么样的伤害，或导致什么设备、设施损坏等。危险源辨识常用的方法包括专家调查法、头脑风暴法、德尔菲法、现场调查法、工作任务分析法、安全检查法、事件树分析法和故障树分析法等。危险的辨识方法各有其特点和局限性，往往采用两种或两种以上的方法识别危险源。

（2）现场危险源管理措施

1）气焊危险源

①乙炔发生器、乙炔瓶、氧气瓶和焊割具的安全设备应齐全、有效。

②乙炔发生器、乙炔瓶、液化石油气罐和氧气瓶在新建、维修工程内存放，应设置专用房间分别存放、管理，并由灭火器材和防火标识。电石应放在电石库内，不准在潮湿环境或露天存放。

③乙炔发生器和乙炔瓶等与氧气瓶应保持一定距离，在乙炔发生器处严禁一切火源。夜间添加电石时，应使用防爆手电筒照明，禁止用明火照明。

④乙炔发生器、乙炔瓶和氧气瓶不准存放在高低架空线路下方或变压器旁，在高空焊割时，不得放在焊割部位的下方，应保持一定的水平距离。

2）夏季、雨季的危险源

①油库、易燃易爆物品库房、塔式起重机、卷扬机架、脚手架、在施工的高层建筑工程等部位及设施等都应安装避雷设施。

②易燃液体、电石、乙炔气瓶等，禁止露天存放，防止受雷雨、日晒发生起火事故。

③生石灰、石灰粉堆放应远离可燃材料，防止应受潮或雨淋产生高热，引起周围可燃材料起火。

3）现场火灾易发危险源

①一般临时设施区，100m² 配备两个 10L 灭火器，大型临时设施总面积超过 1200m² 的，应备有专供消防用的太平桶、积水桶（池）、黄砂池等器材设施。

②木工间、油漆间、工具间等每 25m² 应配备一个合适的灭火器；油库、危险品仓库应配备足够数量、种类的灭火器。

③仓库或堆料场内，应根据灭火对象的性质，分组布置酸

碱、泡沫、清水、二氧化碳等灭火器，每组灭火器不少于 4 个，每组灭火器之间的距离不大于 30m。

第六节　施工余料、废弃物的处置或再利用

1. 怎样对施工产生的余料进行分析？

答：现场施工余料是指已进入现场，由于某些原因而不再使用的哪些材料。这些材料有新有旧，有残有废。由于不再使用，往往会忽视它的管理，造成丢失、损坏、变质。

施工余料产生的原因有以下几种：

（1）因建设单位的设计变更，造成材料的剩余和积压。

（2）由于施工单位施工方案的变更，造成材料的多余积压。

（3）由于施工单位备料计划或现场发料控制的原因，造成材料余料的产生。

2. 怎样对施工余料进行管理、处置？

答：（1）对施工余料进行管理的主要内容如下：

1）各项目经理部材料管理人员，在工程接近收尾阶段，要经常检查掌握现场余料情况，预测未来施工用料数量，严格控制现场进料，尽量减少现场余料积压。

2）现场余料能否调出利用，往往受价格影响。为此，企业和项目应该建立统一的计价方法，合理确定调拨价格及费用核算方法，以利于剩余材料的再利用。

3）余料应由项目材料部门防止、做好回收、整修、退库和处理。对剩余材料要及时回收入库和整修，以利再使用。对于工程项目不再使用的新品，应及时报上级供应部门，以便调出重新利用，避免长时间积压呆滞和损坏。

4）对于不再利用已判定为废料的，按照企业或项目相关规定的处理权限处置。处理回收的资金冲减工程项目成本。

5）为推进剩余材料的修复利用。应采用鼓励措施，对修复

利用好的工程项目、队组和个人应给予奖励。

（2）现场剩余材料的处置措施

1）因建设单位设计变更，造成多余材料的积压，经监理工程师审核签字后，由项目物资部会同合同部与业主商谈，余料退回建设单位，收回料款或建设单位提出积压材料经济损失索赔。

2）工程的剩余物资如有后续工程，尽可能利用到新开的工程项目上，由公司物资部门负责调配，冲减原工程项目成本。为保证新开工程项目，在保证工程质量的前提下积极使用其他项目剩余物资和加工设备，将所使用其他工程剩余、废旧物资作为积压、账外物资核算，给予所使用项目奖励。

3）当项目竣工而又无后续项目工程开工时，剩余物资由公司物资部门与项目协商处理，处理后的费用冲减原工程项目成本。

4）项目经理部在本项目工期内或竣工后承接新的工程，剩余材料需列出清单，经审核后，办理专库手续后可进入新的工程使用。此费用冲减原工程项目成本。

5）工程竣工后废旧物资，由公司物资部门负责处理。公司物资部门有关人员严格按国家和地有关规定进行，处理过程中需会同项目经理部有关人员定价、定量。处理后，将所得费用冲减项目材料成本。

3. 固体废弃物处置的主要方法和注意事项各有哪些？

答：固体废弃物处置的基本思路是：采取资源化、减量化和无害化处理，对固体废物产生的全过程进行控制。

（1）固体废弃物处置的主要方法如下：

1）回收利用。对于施工项目现场产生的固体废物中，虽自身处理有困难，但对社会的资源综合利用有价值的固体废物，如钢筋头、木料边角余头等，要积极分类回收，统一由物资回收部门回收，其回收款冲抵工程成本。

2）减量化处理。它是指对工程产生的固体废物进行分选、破碎、压实、浓缩、脱水，减少其最终处置量，减低处理成本，减少对环境污染。在减量化处理过程中，也包括和其他处理技术相关的工艺方法，如焚烧、热解等。焚烧用于不适合再利用且不宜直接予以填埋处理的废物。

3）稳定和固化。利用水泥、沥青等胶结材料，将松散的废物胶结包裹起来，减少有害物质从废物中向外迁移、扩散，使废物对环境的污染得以减少。

4）填埋。它是固体废物经过无害化、减量处理的废物残渣集中到填埋场进行处置。

5）现场包装品。现场材料的包装品，如纸袋、麻袋、布袋、木箱、铁桶、瓷缸等都有利用价值，施工现场必须建立回收制度，保证包装品的成套完整，提高回收率和完好率。对开拆包装的方法要有明确的规章制度，如铁桶不开大口，盖子不离箱，线封的袋子要拆线，粘口的袋子要用刀割等。要健全领用和回收的原始记录，对回收率、完好率进行考核，用量大、易破损的包装品，如水泥包装袋，可实行包装品回收奖励制度。

（2）固体废弃物处置时的注意事项如下：

1）除有符合规定的装置外，不得在施工现场熔化沥青焚烧油毡、油漆，亦不能焚烧其他可能产生有毒有害和恶臭气体的废弃物。垃圾焚烧处理应使用符合环境要求的处理装置，避免对大气二次污染。

2）禁止将有毒有害废弃物现场填埋，填埋场应利用人工或天然屏障。尽量使需处置的废物与环境隔离，并注意废物的稳定性和长期安全性。

3）现场材料的包装品，尤其装饰材料和设备的包装物，量大且材质大多为易燃材料，如包装纸板、隔离泡沫塑料等，极易形成火灾隐患，故应安排专人及时收集、分类处置，不可久存。

4. 液体废弃物污染的防治处置措施有哪些?

答：液体废弃物污染的防治处置措施有如下几个方面：

（1）禁止将有毒有害液体废弃物作土方回填。

（2）施工现场搅拌站废水、现制水磨石的污水，电石（碳化钙）的污水必须经沉淀池沉淀合格后再排放，最好将沉淀水用于工地洒水降尘或采取措施回收利用。

（3）现场存放油料，必须对库房地面进行防渗处理，如采用防渗混凝土地面、铺油毡等措施。使用时要采用防止油料跑、冒、滴、漏的措施，以免污染水体。

（4）施工现场的临时食堂，污水排放时可设置简易、有效的隔油池，定期清理，防止污染。

（5）工地临时厕所，化粪池应采取防渗漏措施。中心城市施工现场的临时厕所可采用水冲式厕所，并有防蝇、灭蛆措施，防止污染水体和环境。

（6）化学品、外加剂等要妥善保管，库内存放，防止流失，污染环境。

（7）严禁向市政排水管道排放液体废弃物。

第七节　建立材料、设备的统计台账

1. 怎样建立材料、设备的收、发、存台账?

答：建立材料、设备的收、发、存台账是公司材料部门或工程项目材料部门对材料、设备进行管理的基本手段和程序。

（1）材料、设备的验收入库

材料、设备的验收是划清企业内部和外部的经济界限，防止进料中差错事故和因供货行为、运输行为的责任事故造成企业不应有的损失。验收入库的步骤如下：

1）到货提运。这是检查运输责任，主要进行外观、大件点检。火车运输要铅封完好，有包装的材料要包装好，大件数量与货票相符。如铁路运输有问题，应做好商务记录，属于其他方面的问题，做好普通记录，以备事后索赔。

2）证件核对。要以入库通知单、订货合同核对供货单位发来的质量证明书或合格证、装箱单、镑码单、发货明细表，以及运输部门的运货单，相符后方可验收。

3）数量检查。①全检。即对到货的数量全部进行检尺、过磅、点数、量方。②抽检。对那些产品协作关系比较稳定、证件齐全、包装完好的材料；包装严密，拆包有损于质量或不易恢复的材料；数量大、件数多的材料；规格整齐划一，可实行理论换算的材料，可抽查到货的一部分，一般抽查5%～10%，抽查时发现问题时，可扩大范围或全部重新检验。对于进口材料的验收，要严格、细致、迅速、准确、不误索赔期限。

4）质量检验。仓库一般只做外观形状检验，如有物理、力学、化学等性能方面的要求，应有合格证明书，分别抽样送检验试验部门进行鉴定。

5）问题处理证件不齐的，作待检处理；证件不符、质量数量有差错的，应做成记录，及时报送有关部门处理；有问题的材料和设备不验收、不动用，以备复核。

6）入库建档。验收合格的材料、设备入库登账，并分门别类建立质量证明档案。材料、设备入库台账应包括材料、设备（型号）名称、单位、数量、质量、供货单位、入库时间、检验方式、检验人员、保存位置、特殊材料和设备还应备注苫盖和维护措施的说明等。

（2）材料的发放

材料、设备发放是划清仓库与使用单位的经济责任的界限，实际操作时要防止错发影响施工生产和造成经济损失，它是仓库为施工生产服务的关键环节。

1）出库原则是"先进先出，推陈储新"。有保管期限的材料，要在有效期限内发出；零星用料要做到破斤破两，方便施工。

2）出库凭证。包括发料或设备配发通知单、提料单、拨料单，凭证填制必须准确无误、印鉴齐全，无涂改现象。

3）发料和设备配发工作。按提料制和发料制两种方法，准确、及时、尽可能一次性完成。材料包装要符合运输要求，材料、设备要向使用单位点交。

4）点交。出库材料和单据、证件要向收料人当面点交清楚，办理手续，由收料人签章，并在台账上作下账登记和处理。

（3）材料、设备保管

材料保管是仓库的中心任务。库存材料、设备堆放合理，维护管理到位、质量完好，库容整洁美观，是仓库管理的基本要求。仓库管理应做到以下几点：

1）全面规划。根据材料、设备性能、搬运、装卸、保管条件、吞吐量和流转情况，合理安排货位和设备存放位置。同类材料、设备应安排在一处；性能上互有影响或灭火方法不同的材料，严禁安排在同一处储存。实行"四号定位"，即库内保管划定库号、架号、层号、位号；库外保管划定区号、点号、排号、位号，对号入座，合理布局。零星材料可不实行"四号定位"式保管。

2）科学管理。必须按类分库、新旧分堆、规格排列、上轻下重、危险专放、上盖下垫、定量保管、五五堆放、标记鲜明、质量分清、过目知数、定期盘点，便于收发保管。

3）整齐、整洁。材料码堆要牢固、定量、整齐、方便，料架、料堆要成排、成线，要经常保障仓库和周围环境的清洁、卫生，无尘土、无垃圾、无杂草、无虫兽害，做到仓库整洁、文明。

4）制度严密。要建立健全保管、领发等管理制度并严格执行，使各项工作井然有序。

5）防火、防盗确保仓库安全。

6）勤于盘点。做到日清、月结、季盘点，年终清仓；平常收发料、收发设备时，随时盘点，发现问题及时解决，发现盈亏，查明原因，上报处理。

7）退料程序。将退回的材料事先列出清单，然后再办理退料入库手续。料库人员要核对名称、规格、数量、质量，及时入库记账，积压、报废物资要专门放置。

8）及时记账。要健全料卡、料账制度，收发、盘点情况及时登卡记账，做到账、卡、物三者相符。健全原始记录制度，为材料统计与成本核算提供资料。

2. 怎样根据领料单登记材料、设备的收、发、存台账？

答：限额领料是依据材料消耗定额，有限制的供应材料的一种方法。限额领料单是实施限额领料的依据。根据项目管理部相关负责人签发的限额领料单，材料管理人员在核对材料品种、数量、规格、质量，在核对了设备的型号、数量、技术性能指标的前提下，向施工班组或领料人发放所要领取的材料或设备。在材料、记录卡上做出下料记录，并让领料人签字确认；然后，在材料、设备库管台账登记做账。为盘点和后续领料、材料和设备订货采购、入库管理打好基础。

第八节　编制、收集、整理施工材料和设备的资料

1. 怎样填写施工材料资料表？

答：根据行业和企业特点，选用一整套通用施工资料材料表，根据材料种类分门别类对仓库内各种材料进行登记造册。对施工过程中各种材料的进货、领料、上账、下账、盘点进行登记，对材料入库、材料领取、材料保管、剩余材料处理及一些具体细节建立规范、有效的规章制度，并在材料管理全过程中认真贯彻执行，借助于计算机信息管理系统软件，进行材料管理，并用文字资料记载有关内容。根据工程资料编制内容、程序、管理和移交程序，编制完成系统完备、清晰、客观的材料管理资料，作为工程资料组成部分，移交各有关方留档保存。

2. 怎样填写施工设备资料表？

答：根据行业和企业特点，选用一整套通用施工资料设备表，根据涉及种类分门别类对仓库内各种设备进行登记造册。对施工过程中各种设备的进货、领料、上账、下账、盘点进行登记，对设备入库、设备领取、设备保管、剩余设备处理及一些具体细节建立规范、有效的规章制度，并在设备管理全过程中认真贯彻执行，借助于计算机信息管理系统软件，进行设备管理，并用文字资料记载有关内容。根据工程资料编制内容、程序、管理和移交程序，编制完成系统完备、清晰、客观的设备管理资料，作为工程资料组成部分，移交各有关方留档保存。

参考文献

[1] 中华人民共和国国家标准. 建筑工程项目管理规范 GB/T 50326—2006 [S]. 北京：中国建筑工业出版社，2006.

[2] 中华人民共和国国家标准. 建筑工程监理规范 GB/T 50319—2013 [S]. 北京：中国建筑工业出版社，2013.

[3] 中华人民共和国国家标准. 建设工程文件归档整理规范 GB 50328—2001 [S]. 北京：中国建筑工业出版社，2002.

[4] 中华人民共和国国家标准. 混凝土结构设计规范 GB 50010—2010 [S]. 北京：中国建筑工业出版社，2010.

[5] 中华人民共和国国家标准. 砌体结构设计规范 GB 50003—2011 [S]. 北京：中国建筑工业出版社，2011.

[6] 中华人民共和国国家标准. 地基基础设计规范 GB 50007—2011 [S]. 北京：中国建筑工业出版社，2011.

[7] 中华人民共和国国家标准. 民用建筑设计通则 GB 50352—2005 [S]. 北京：中国建筑工业出版社，2005.

[8] 住房和城乡建设部人事司. 建筑与市政工程施工现场专业人员考核评价大纲（试行）[M]. 北京：中国建筑工业出版社，2012.

[9] 王文睿. 手把手教你当好甲方代表 [M]. 北京：中国建筑工业出版社，2013.

[10] 王文睿. 混凝土结构与砌体结构 [M]. 北京：中国建筑工业出版社，2011.

[11] 王文睿. 建筑抗震设计 [M]. 北京：中国建筑工业出版社，2011.

[12] 王文睿. 土力学与地基基础 [M]. 北京：中国建筑工业出版社，2012.

[13] 王文睿. 建设工程项目管理 [M]. 北京：中国建筑工业出版社，2014.

[14] 洪树生，建筑施工技术 [M]. 北京：科学出版社，2007.

[15] 胡兴福，宋岩丽. 材料员通用与基础知识 [M]. 北京：中国建筑工

业出版社，2013.

[16] 魏鸿汉. 材料员岗位知识与专业技能 ［M］. 北京：中国建筑工业出版社，2013.

[17] 潘全祥. 材料员必读 ［M］. 北京：中国建筑工业出版社，2001.

[18] 曹善琪. 造价工程师基本知识问答 ［M］. 北京：中国计划出版社，1998.